博士论丛

基于人工电磁超表面的
太赫兹波传输与调控技术研究

Terahertz Wave Transmission and Manipulation Technology
Based on Spoof Electromagnetic Metasurfaces

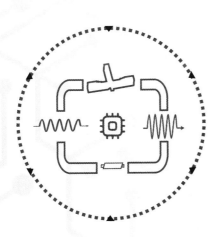

电子科技大学出版社
University of Electronic Science and Technology of China Press

·成都·

图书在版编目（CIP）数据

基于人工电磁超表面的太赫兹波传输与调控技术研究／

朱华利，张勇著. -- 成都：成都电子科大出版社，

2025.5. -- ISBN 978-7-5770-1209-4

Ⅰ. O441.4

中国国家版本馆 CIP 数据核字第 2024CV1203 号

基于人工电磁超表面的太赫兹波传输与调控技术研究

JIYU RENGONG DIANCI CHAOBIAOMIAN DE TAIHEZIBO CHUANSHU
YU TIAOKONG JISHU YANJIU

朱华利　张　勇　著

出 品 人　田　江

策划统筹　杜　倩

策划编辑　唐祖琴

责任编辑　唐祖琴

责任设计　李　倩　唐祖琴

责任校对　卢　莉

责任印制　梁　硕

出版发行　电子科技大学出版社

　　　　　成都市一环路东一段 159 号电子信息产业大厦九楼　邮编　610051

主　　页　www.uestcp.com.cn

服务电话　028-83203399

邮购电话　028-83201495

印　　刷　成都久之印刷有限公司

成品尺寸　170 mm×240 mm

印　　张　16

字　　数　300 千字

版　　次　2025 年 5 月第 1 版

印　　次　2025 年 5 月第 1 次印刷

书　　号　ISBN 978-7-5770-1209-4

定　　价　98.00 元

序

FOREWORD

当前，我们正置身于一个前所未有的变革时代，新一轮科技革命和产业变革深入发展，科技的迅猛发展如同破晓的曙光，照亮了人类前行的道路。科技创新已经成为国际战略博弈的主要战场。习近平总书记深刻指出："加快实现高水平科技自立自强，是推动高质量发展的必由之路。"这一重要论断，不仅为我国科技事业发展指明了方向，也激励着每一位科技工作者勇攀高峰、不断前行。

博士研究生教育是国民教育的最高层次，在人才培养和科学研究中发挥着举足轻重的作用，是国家科技创新体系的重要支撑。博士研究生是学科建设和发展的生力军，他们通过深入研究和探索，不断推动学科理论和技术进步。博士论文则是博士学术水平的重要标志性成果，反映了博士研究生的培养水平，具有显著的创新性和前沿性。

由电子科技大学出版社推出的"博士论丛"图书，汇集多学科精英之作，其中《基于时间反演电磁成像的无源互调源定位方法研究》等28篇佳作荣获中国电子学会、中国光学工程学会、中国仪器仪表学会等国家级学会以及电子科技大学的优秀博士论文的殊誉。这些著作理论创新与实践突破并重，微观探秘与宏观解析交织，不仅拓宽了认知边界，也为相关科学技术难题提供了新解。"博士论丛"的出版必将促进优秀学术成果的传播与交流，为创新型人才的培养提供支撑，进一步推动博士教育迈向新高。

青年是国家的未来和民族的希望，青年科技工作者是科技创新的生力军和中坚力量。我也是从一名青年科技工作者成长起来的，希望"博士论丛"的青年学者们再接再厉。我愿此论丛成为青年学者心中之光，照亮科研之路，激励后辈勇攀高峰，为加快建成科技强国贡献力量！

中国工程院院士

2024 年 12 月

前　言

PREFACE

太赫兹波在通信、安全防范、天文观测等许多领域具有重要的应用价值，其中，太赫兹波的传输与调控是太赫兹技术的核心问题之一。由于太赫兹波的波长通常在微米尺度与毫米尺度之间，传统结构受到波长匹配问题和宏观尺寸的限制，难以满足新兴太赫兹电路和器件的需求；同时，传统材料在太赫兹波频率范围内的响应较弱，进一步限制了对太赫兹波的精准操控能力。面对这些挑战，人工电磁超表面作为一种革命性的新型材料，以其独特的亚波长尺寸人工单元结构和在二维平面或曲面上的周期或非周期排列，为我们打开了一扇通往太赫兹技术新境界的大门。它能够激发自然界媒质和传统材料难以实现或无法实现的全新物理现象，为太赫兹波的传输与调控提供了前所未有的可能性和途径。

本书正是基于这一背景，深入探索了人工电磁超表面对太赫兹波的传输和调控特性。我们聚焦于人工表面等离激元（spoof surface plasmon polaritous，SSPPs）这一人工电磁超表面的重要实现方式，详细阐述了其在太赫兹波传输、滤波、功率合成以及吸波器设计等方面的创新应用。通过一系列精心设计的实验和理论分析，我们揭示了 SSPPs 在太赫兹波传输中的独特优势，如紧凑性、可集成性和低串扰特性，以及其在实现高性能太赫兹固态器件中的巨大潜力。

在太赫兹波传输技术研究方面，我们首次引入了片上集成天线过渡思想，实现了矩形波导与 SSPPs 之间的高效模式转换，为 SSPPs 传输线在太赫兹模块和系统中的实际应用奠定了坚实基础。同时，我们还开发出了两款小型化的太赫兹片上 SSPPs 传输线，并验证了其独特的低串扰特性，为太赫兹单片集成电路的发展提供了有力支持。

在太赫兹滤波技术研究方面，我们提出了混合 SRR/CSRR - SSPPs 的太赫兹宽带带阻滤波结构，实现了抑制带宽和抑制深度的显著增强。这一创新结构不仅具有灵活的通带-阻带-通带-阻带特性，还为 SSPPs 滤波技术在太赫兹功能器件中的拓展创造了有利条件。

在太赫兹功率合成技术研究方面，我们创新性地提出了具有吸收特性的复合太赫兹 SSPPs 平面结构，并首次将其应用于太赫兹功率合成技术中。通过结合金属镍的电磁损耗特性和 SSPPs 的低通特性，我们实现了具有高隔离度和高功率容量的太赫兹 T 型结功分器和波导定向耦合器。这一创新为未来太赫兹高功率固态源的实现提供了全新的设计思路。

在太赫兹超表面窄带吸波器设计方面，我们提出了一种新型的"倒置十字星"吸波结构，实现了高 Q 值、超薄厚度以及出色的角度不敏感性。这一高性能的窄带吸波器在折射率传感等领域具有显著优势，有望为相关领域的技术进步做出重要贡献。

在太赫兹可调超表面器件设计方面，我们基于超表面吸波理论和新兴可调材料，提出了由石墨烯和二氧化钒混合材料组成的太赫兹多功能可调超表面。这一创新设计不仅实现了宽带－多频吸收或吸收－透射切换的双重功能，还通过独立改变石墨烯的费米能级或二氧化钒的电导率来实现了功能器件的散射参数双重调控。这一研究为未来智能太赫兹超表面系统的实现提供了重要途径。

综上所述，本书的研究成果不仅为太赫兹波的传输与调控提供了新的方法和途径，还为太赫兹技术在各个领域的应用奠定了坚实基础。我们期待这些研究成果能够激发更多的科研热情和创新思维，推动太赫兹技术的持续发展和广泛应用。同时，我们也衷心希望本书能够为读者提供有益的参考和启示，共同探索太赫兹技术的无限可能。

为了表达的准确性，同时考虑受众的阅读习惯，本书中部分图保留原文献中的英文表达。

朱华利　张　勇
2024 年 10 月于电子科技大学

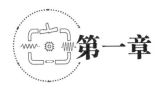

第一章

绪　论

1.1　研究背景与意义

1.1.1　太赫兹技术

太赫兹波(频率为 0.1 ~ 10 THz，波长为 30 ~ 3 000 μm)是位于毫米波和红外线之间的电磁波，是整个电磁频谱内研究相对匮乏的频段，故亦被称为"太赫兹间隙"[1]。如图 1-1 所示，太赫兹波在电磁频谱中的所处位置较为特殊，因而其主要具有四个独特的性质[2]-[4]：(1)太赫兹辐射的光子仅具有 4.13 meV 的能量，这是 X 射线能量的百万分之一，因其较低的能量对生命体没有电离效果，所以它特别适合用于对人或其他生物进行检测；(2)太赫兹辐射能很好地透过多种电介质和非极性材料，能对不透明物进行内部成像，它是 X 射线和超声波扫描的有益补充，并可以用于安全检查或无损质量控制；(3)宇宙空间中大约 50% 的光子能量、大量星际分子的特征谱线，以及大部分大分子材料和化学物质的能隙都在太赫兹频段范围内，上述物质可通过与太赫兹波的相互作用而被表征；(4)与微波和毫米波频段相比，太赫兹波段拥有更广泛的可用带宽，具有承载更多信息的能力和更高的数据传输速率。

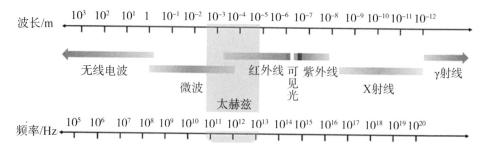

图 1-1 太赫兹波在电磁频谱中的位置

近年来，随着电磁波理论和半导体工艺的不断完善，太赫兹波的卓越特性得到不断挖掘并广泛应用，引领了全球太赫兹技术研究的风潮。国内外的科研人员正在积极尝试从电子学和光子学两个不同方向入手，以开发出适用于各种应用领域的太赫兹器件、电路和系统[5]。

在通信方面，太赫兹通信技术不仅会给通信系统及其应用带来革命性的改变，还会给商业、个人生活、生活方式乃至社会带来革命性的变化[6]。2019年，国际电信联盟（ITU）正式批准了一系列电磁频谱段，包括 275~296 GHz、306~313 GHz、318~333 GHz 以及 356~450 GHz 等，这些频谱段被视为未来可能用于第六代移动通信技术（6G）或更高级通信服务的潜在资源[7]。鉴于太赫兹技术对 6G 及未来通信不可替代的地位，近年来，世界各国已展开对太赫兹通信领域的项目研究。2019 年 3 月，美国联邦通信委员会首次宣布将 95 GHz 至 3 THz 频段开放为 6G 实验频谱。此后，美国多家研究机构研发了相应的太赫兹通信系统，并实现了最高达 100 Gb/s 的太赫兹信号传输速度[8]。欧盟委员会的"地平线 2020"计划资助了多个 B5G 项目，如 TERRANOVA 等。这些项目的目标是研发能够在未来的 6G 通信中提供卓越光网络体验的架构和技术[9]。另外，在日本，最早的 6G 项目已于 2020 年由 NTT DOCOMO 发起，该项目计划将太赫兹频谱（高达 300 GHz）纳入 6G 通信的覆盖范围内[10]。同年，芬兰主办了首届全球 6G 无线技术峰会，同时启动了 6G 项目，这个项目的主要目标是促进太赫兹无线通信技术的进一步发展[11]。2022 年，我国紫金山实验室成功构建出了首个 360 GHz 至 430 GHz 频段的实时无线传输通信实验系统。如图 1-2 所示，该系统采用新型的光子辅助技术，其最高实时传输速率可达 100/200 Gbps[12]。同年，广东省新一代通信与网络创新研究院也成功开发了 200 GHz

全固态电子太赫兹通信系统，并实现了 130 Gbps 的实时数据传输速率[13]。2023 年 6 月，ITU 的无线电通信部门 5D 工作组（ITU-R WP5D）发布了一份名为《IMT 面向 2030 及未来发展的框架和总体目标建议书》的文件。这份建议书可以看作是 6G 的宏观指导文件，集结了全球各方对于 6G 愿景的共识，勾勒了 6G 的发展目标与趋势，并提出了 6G 可能的典型应用场景和性能指标体系。

图 1-2　紫金山实验室研发的太赫　　　图 1-3　博微太赫兹研发的太
兹高速无线通信系统[12]　　　　　赫兹人体安检仪[15]

在探测领域，太赫兹能量也彰显出独特的技术优势。由于太赫兹波的特殊性质，即非电离性和低光子能量辐射，太赫兹光谱可用于对人体进行无损、无接触的安全检查。此外，太赫兹波穿透非金属材料的能力非常强，对于电介质非极性材料，如塑料、陶瓷、纸板和棉布等材料的吸收非常低，因此可以用于对常见的箱包和衣物等遮挡物下的违禁物品进行成像，从而显著提高安全检查的效率[14]。图 1-3 为博微太赫兹研发的太赫兹人体安检仪，该安检仪能够快速成像被测人体并生成被动式的太赫兹能量图像[15]。太赫兹波具有与分子的振动态和旋转态直接相互作用的特性。这一技术可以应用于化学分析，以鉴定样品的物种和分子类型，同时还能够研究材料的介电特性和导电性[16]-[17]。例如，太赫兹光谱能够探测到其他领域难以辨识的物质，如二硫化氢（H_2S_2）等非法物质[18]，并且还可用于迅速识别手性药物的种类和浓度[19]。此外，考虑到太赫兹波对生物介质的非侵入性特性以及高分辨率达到微米级的能力，太赫兹技术有望在多个医学检测领域发挥关键作用，包括蛋白质结构状态的确认和癌细胞等疾病的诊断等方面[20]-[21]。

在天文观测领域，太赫兹波具有独一无二的优势。在迅速发展的宇宙空间探测时代，以美国等主要西方国家为主导，已经占用了大量的太空资源，尤其是用于观测早期遥远天体、研究宇宙中的冷暗物质、星际尘埃以及气体分子云等关键信息的太赫兹波段。代表性的射电天文望远镜，例如阿塔卡玛大型毫米/亚毫米波阵列（ALMA），已成功实现高达 1 THz 频率下的宇宙观测。如图 1-4 所示，ALMA 的观测频率范围涵盖了 35 ~ 950 GHz，这个范围恰好对应太赫兹波大气传输窗口中的 10 个不同波段[22]，见表 1-1 所列。自 2015 年以来，ALMA 已取得了一系列杰出的成就，包括观测到爱因斯坦环、宇宙中的碳基分子、行星形成过程、宇宙黑洞的图像以及遥远星系中的水迹象等。2022 年，中国科学院紫金山天文台已经成功完成了中国空间站工程巡天望远镜高灵敏度太赫兹探测模块的初步研制。该模块采用了 0.41 ~ 0.51 THz 频段的氮化铌超导 SIS 混频器作为探测终端，主要用于进行地面观测困难的中性碳原子谱线以及赫谢尔望远镜缺失的波段的分子谱线巡测[23]。2023 年起，ALMA 将不断改进太赫兹射电天文阵列望远镜的性能，以提升其观测能力。主要的技术发展计划包括实现更宽的瞬时带宽接收器和多波束接收器。此外，太赫兹波在地球环境监测方面也展现出显著优势。例如，美国宇航局在 AURA 卫星上安装了激光器，能以 2.5 THz 的频率发射太赫兹波。其主要用途是测量构成臭氧的化学物质的浓度和分布，以深入了解这些化学物质在破坏平流层臭氧中的重要作用[24]。

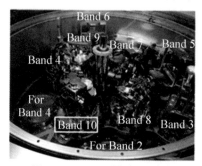

图 1-4 ALMA 接收机系统

表 1-1 ALMA 工作频段

波段	频率/GHz	噪声温度/K	混频方式	代表机构	接收技术
1	35 ~ 50	28	SSB	ASIAA	HEMT
2	67 ~ 116[a]	30[a]	2SB[a]	ESO	HEMT
3	84 ~ 116	41	2SB	HIA	SIS

续表

4	125 ~ 163	51	2SB	NAOJ	SIS
5	163 ~ 211	55	2SB	OSO/NOVA	SIS
6	211 ~ 275	83	2SB	NRAO	SIS
7	275 ~ 373	147	2SB	IRAM	SIS
8	385 ~ 500	196	2SB	NAOJ	SIS
9	602 ~ 720	175	DSB	NOVA	SIS
10	787 ~ 950	230	DSB	NAOJ	SIS

近年来,太赫兹技术在全球范围内得到了越来越多的研究和资助。各个国家和研究机构都积极从事太赫兹技术的科研和开发工作,希望能够在这一领域抢占技术制高点。值得一提的是,自 21 世纪初以来,美国政府将太赫兹技术列为"将改变未来世界的十大技术"之一。自此以后,美国喷气动力实验室(JPL)、美国国家科学基金会(NSF)以及国防高级研究计划局(DARPA)等机构一直在资助和支持太赫兹技术的研究。其中,DARPA 领导下的 6 个 JUMP 中心的成立,旨在 2025 年到 2030 年实现颠覆性微电子技术,大幅提升战机环境感知和信息处理能力。此外,欧洲的一些机构也积极资助太赫兹技术的研究,其中包括英国工程和自然科学研究委员会、德国联邦教育和研究部等。一些代表性的单位主要包括欧洲航天局(ESA)、英国的 Teratech 公司以及瑞典的查尔姆斯理工大学等。亚洲的国家和地区也在积极发展太赫兹技术的研究。例如,日本的电报电话公司(NTT)、东京大学,韩国的首尔大学、浦项科技大学,以及新加坡的新加坡国立大学等机构都有相关研究项目和实验室。在我国,自"香山科技会议"之后,太赫兹技术的研究得到了广泛的支持和资助,涵盖了自然科学基金委、科技部、军科委等多个机构。许多高校和科研机构积极参与了这一领域的研究,包括东南大学、电子科技大学、天津大学等高等院校,以及中国科学院微电子所、空间中心、紫金山天文台、中电集团的 13 所、55 所、中物院微太中心等科研机构。此外,华为、中兴等企业也积极参与太赫兹技术的研发和应用。

综上所述,全球范围内对太赫兹技术的研究和资助正在不断增加,多个国家和研究机构正在积极投入人力、物力和财力，以促进太赫兹技术在通信、无线电频谱、生物医学、安全检测等领域的应用和发展。这些坚持不懈的努力将进一步推动太赫兹技术的进步，为未来的科学研究和技术创新提供更加广泛的发展空间。

1.1.2 太赫兹人工电磁超表面

太赫兹波在众多领域中具备重要的应用潜力，包括太赫兹通信、安防以及天文观测等。在这些应用中，太赫兹波的传输与调控至关重要，是太赫兹技术的核心问题之一。然而，太赫兹波的传输和控制面临着一些挑战，传统的材料和结构难以满足对太赫兹波波束高度操控的需求。这主要是由于：（1）太赫兹波的波长通常在微米尺度与毫米尺度之间，对应频率范围为 100 GHz 到 10 THz。由于太赫兹波具有特定的波长特征，传统结构在这个频率范围内的操控会受到宏观尺寸的限制和波长匹配问题的制约；（2）传统材料在太赫兹波频率范围内的响应较弱，其复介电常数和磁导率通常是频率的平滑函数，这限制了传统材料对太赫兹波高度操控的能力[25]-[26]。因此，这就需要新型的材料和结构设计来满足对太赫兹波进行高效传输和控制的需求。

电磁超材料，又称"超构材料、新型人工电磁媒质或特异媒质"等，是通过无论是周期性还是非周期性排列的亚波长单元结构而构建形成的。这一领域的崛起为解决上述问题提供了全新的方案。通过巧妙设计电磁超材料的单元结构参数和空间排列方式，可以实现自然界媒质和传统材料无法实现或难以实现的非寻常媒质参数，从而引发全新的物理现象。这些非寻常媒质参数主要包括负介电常数、负折射率、负磁导率等，以及媒质参数的任意非均匀分布[27]-[30]。但三维的电磁超材料具有体积大、难以集成、损耗大等缺点，因而其应用大大受限。

为了降低电磁超材料的厚度和制备复杂度，人工电磁超表面得到了广泛的关注。人工电磁超表面，又称"新型人工电磁表面或电磁超表面"，可视为三维电磁超材料在超薄厚度下的等效二维形式。它是由亚波长尺寸的人工单元结构在二维的平面或曲面上进行排列所构成的，且其纵向尺寸远远小于电磁波的波长。这种人工电磁超表面不仅在重量和体积上实现了显著缩减，而且具有较低的制造成本和能量损耗，非常适合用于系统集成[28]-[29]。人工电磁超表面为太赫兹技术的实际应用提供了全新的途径。人工电磁超表面具有以下关键特性和应用前景。

（1）传输与导波性质：人工电磁超表面具有良好的传输和导波特性。通过设计合适的超表面结构，可以引导电磁波在超表面上传输，并且形成所需的导波模式。此外，超表面还可以与其他功能材料结合，实现对传输模式的控制[31]-[32]。

（2）集成与应用拓展：人工电磁超表面具有紧凑、可重构和可集成的优势。通过将超表面嵌入射频器件和系统中，可以实现更小型化、更高性能和更强大功能的射频器件，例如滤波器、天线、调制器、合成器等。这对于射频设备和系统的实现具有重要意义[33]-[34]。

（3）波束调控特性：人工电磁超表面不仅可以实现电磁波的穿透、反射和吸收等基本功能，还可以结合功能材料实现高度可调的幅相控制、极化转换和光学波段的透明性等特性。这些功能使得超表面在射频器件和系统中具有广泛的应用潜力[35]-[37]。

（4）新型应用探索：人工电磁超表面能够实现对电磁波信号的调制和分解，从而提升通信系统的性能和可靠性。人工电磁超表面可以应用于化学、生物和物理传感领域，通过表面等离子体共振效应、局域场增强效应等机制，实现对微小变化的敏感检测，广泛应用于气体检测、生物分子识别和材料表征等领域。通过设计和优化人工电磁超表面结构单元的参数，可以实现高分辨率、高灵敏度的太赫兹成像和检测系统，这些系统被广泛应用于医疗成像、安全检查以及无损检测等领域。同时，通过设计和优化超表面的结构和材料，可以实现对电磁波的光学特性的调控和增强，从而用于开发出新型光学材料和器件[38]-[40]。

然而，在太赫兹人工电磁超表面领域的研究中，依然存在一些亟待解决的关键问题。首先，对于太赫兹人工电磁超表面的性能而言，合适的材料选择和制备方法至关重要。需要寻找具备适当电磁性质的材料，并发展相应的制备技术，以实现对太赫兹波的高度控制。其次，必须设计出新颖的超表面结构，以实现更紧凑、灵活和高效的太赫兹波调控效果。这需要在设计过程中综合考虑电磁波与超表面的相互作用，从而实现波束操控和性能的最优化。此外，还需深入探索太赫兹人工电磁超表面与其他功能材料和器件的融合，以进一步扩展其在太赫兹技术领域的应用潜力[41]-[43]。

综上所述，太赫兹人工电磁超表面是一个具有重要研究意义和广阔应用前景的领域。通过合理设计和优化太赫兹人工电磁超表面，可以实现对太赫兹波的高度调控，促进太赫兹技术的发展和应用。随着对太赫兹人工电磁超表面研究的深入，相信会有更多令人振奋的成果出现，进一步推动太赫兹技术的进步。

本书重点研究了两种太赫兹人工电磁超表面结构。

（1）人工电磁超表面的传输与导波性质的一种实现方式：人工表面等离激元（SSPPs）。主要探讨了传输线型的太赫兹 SSPPs 结构及其在器件集成和应用拓展方面的潜力。SSPPs 是一种基于人工电磁超表面的传输线结构，它利用表面等离激元的场局域化特性，可在人工电磁超表面上实现电磁波的传输。传统的微带线或波导传输线受限于它们的结构和材料特性，而人工表面等离激元通过尺寸调控和微纳结构设计，能够有效压缩传输线尺寸并调节传输线的色散特性，从而实现对电磁波的优化传输和天然滤波。

（2）人工电磁超表面的波束调控特性的一种具体应用：超表面完美吸波器（Metasurface-Perfect-Absorber，MPA）。主要研究了太赫兹 MPA 结构设计及其在折射率传感和可调吸波领域中的应用。MPA 是人工电磁超表面在电磁波吸波应用中的一个重要实现，它利用人工电磁超表面的微纳结构来实现对入射电磁波的完美吸收。MPA 设计的关键在于通过调节人工电磁超表面的结构参数，实现对特定频率、入射角度和极化方向的电磁波的吸收。人工电磁超表面的微纳结构可以调控入射波在吸波器表面的反射、透射和散射，以实现对入射波的最大吸收效果。

如图 1-5 所示，人工表面等离激元传输线和超表面完美吸波器都是基于人工电磁超表面设计的一类特殊应用[28][29][31][33][35]。它们通过利用人工电磁超表面的结构调控和相互作用控制，实现对电磁波的传输、吸收的优化和控制。本书通过设计这两种电磁超表面结构，实现了对太赫兹波的调控和实际应用，这些研究为太赫兹技术领域的电磁波调控和应用提供了重要的参考。

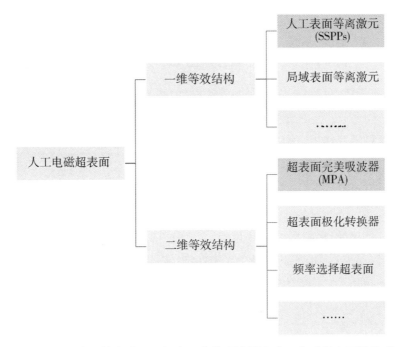

图 1-5　人工表面等离激元、超表面完美吸波器和人工电磁超表面的关系

1.2　基于人工表面等离激元的电磁波传输研究进展

在当今迅猛发展的智能信息时代，人工智能技术和第六代移动通信技术正经历着快速的进步，对基础太赫兹器件、集成电路以及各种信息系统(如通信、雷达、成像等)提出了越来越高的要求。这些共性技术需求包括器件、电路和系统的微型化、子系统之间信号的保真传输，以及在高度集成的情况下抑制信道间干扰的能力。然而，在传统的太赫兹固态器件、电路和系统中，这些要求之间存在相互制约和矛盾，这严重制约了太赫兹波传输性能的进一步提升。为了解决上述矛盾，突破当前太赫兹固态技术所面临的瓶颈，需要从基本的物理机理出发，探寻一种具备深亚波长电磁调控能力的新型平面传输结构，这就是人工表面等离激元传输线(SSPPs TL)。本节将介绍本书中着重研究的一维人工电磁超表面即 SSPPs TL 的发展历史及研究现状。

1.2.1 人工表面等离激元传输线的发展历史

在光学领域，自然界中的表面等离激元（Surface Plasmon Polaritons，SPPs）是一种电子疏密波，它是电磁波与金属表面上的自由电荷相互作用所形成的[44]。这种相互作用会引发金属表面上自由电荷的激发，从而导致表面极化电荷的产生，如图1-6(a)所示。这些表面极化电荷与特定共振频率的电磁场相互作用，导致集体振荡现象的发生。如图1-6(b)所示，当SPPs沿着交界面方向传播时，它们能够将电磁能量约束在亚波长的范围内传递，而在垂直于交界面方向上，电磁能量则呈现指数衰减[45]。此外，如图1-6(c)所示，当处于相同频率ω时，SPPs的波矢k_{sp}比真空中电磁波的波矢k_0更大。这意味着自然SPPs的色散曲线位于真空中电磁波的色散曲线右侧，且自然SPPs的传播速率相对较慢，呈现出"慢波"特性。

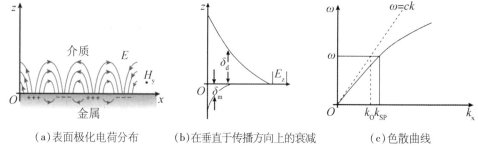

(a)表面极化电荷分布　　　(b)在垂直于传播方向上的衰减　　　(c)色散曲线

图1-6　自然界中的表面等离激元的特性

SPPs独特的传输特性在光波段迅速获得广泛应用，同时推动了等离激元光学领域的发展。随后，越来越多的科研人员希望将这一技术扩展至微波、毫米波及太赫兹频段。然而，考虑到金属的等离子体频率主要出现在红外频段和光波频段，相对于微波频段和太赫兹频段，金属更像是一种理想导体，而不是等离子体，因此无法激发SPPs效应。2004年，Pendry爵士等人提出了第一个"人造"低频表面等离激元，现在通常称为 Spoof Surface Plasmon Polaritons（SSPPs）[46]。如图1-7所示，它是在金属立方体中刻蚀出的空气槽阵列，这种具有亚波长间距的周期阵列在微波频段能够模拟自然SPPs的色散特性，并且具有相似的场增强和场约束的物理特性。相较比SPPs，SSPPs的表面等离频率可通过对金属进行结构化等效处理而获得，其远低于金属本身的等离频率，从而导致了较低的金属损耗。此外，SSPPs 的色散特性完全受金属结构参数的影响，因此可以通过合理设计金属的结构参数来自由调节 SSPPs 的色散特性[47]。在上述研究之后，其他类型支持微波或太赫兹 SSPPs 的金属槽结构也被研究和报道，这些结构本质上是各种形式的沟槽和孔阵列[48]-[52]。

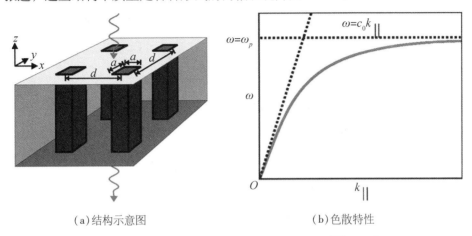

（a）结构示意图   （b）色散特性

图 1-7 Pendry 爵士提出的首个 SSPPs[46]

随着工作波长的增加，上述三维 SSPPs 结构的应用面临尺寸大、难以激励、不适合平面集成电路等困难。为应对这一挑战，2013 年，东南大学崔铁军团队提出了一种基于超薄柔性薄膜印刷的锯齿金属条形的 SSPPs，如图 1-8 所示。该 SSPPs 是将具有周期性沟槽的三维金属表面压缩成超薄的平面锯齿结构，其锯齿深度为亚波长尺寸，电磁波沿着金属锯齿传播，表现出与三维 SSPPs 类似的物理特性，实现了真正意义上的亚波长能量束缚，且具有超薄、宽带、低损耗等优点[53]-[54]。

图 1-8 基于超薄柔性薄膜印刷的锯齿金属条形的 SSPPs[53]

SSPPs 的传播模式与传统的支持横向或准横向电磁模式的微带线和共面波

导(CPWs)并不匹配,因此难以有效地激发 SSPPs 模式。2014 年,该团队提出了一种模式转换方法,实现了 SSPPs 模式与空间波模式之间的高效转换,如图1-9(a)所示。该转换结构是在 CPW 和 SSPPs 之间引入深度阶梯渐变的锯齿阵列和扩口金属地,以实现二者之间的场模、动量和阻抗的平滑过渡[55]。近年来,类似的阶梯渐变转换方式也被应用于 SSPPs 与其他射频传输线的过渡,如微带线和矩形波导,如图1-9(b)、(c)所示,这为 SSPPs 与传统微波和射频电路的集成铺平了道路[56]-[60]。

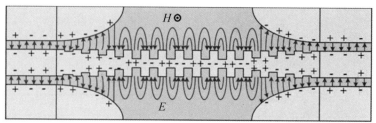

(a)SSPPs 与 CPW 的过渡[55]

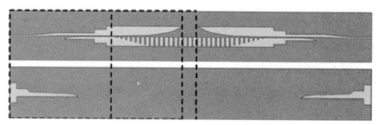

(b)SSPPs 与微带线的过渡[56]

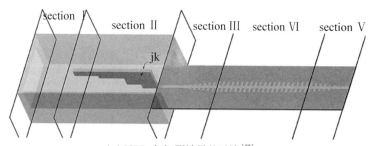

(c)SSPPs 与矩形波导的过渡[57]

图 1-9 SSPPs 与其他微波传输线的过渡

为了进一步提高 SSPPs TL 的场束缚能力和紧凑性,研究者们在锯齿形SSPPs 的基础上提出了各种改进结构,如对称/交错双侧锯齿形、V 形、折叠形、环形、螺旋形等,并对上述各种不同单元结构的新型平面 SSPPs 进行了数值模拟和实验验证[62]-[67]。这些改进结构通过在传输线中引入不同的形状和排列，进一步优化了 SSPPs 的传输特性。例如，对称/交错双侧锯齿形结构可以增强电场的集中效应，提高场束缚能力；V 形和折叠形结构可以降低传输线的占地面积，从而提高紧凑性；环形和螺旋形结构则具有更复杂的场分布和传输特性，为 SSPPs 的设计提供了更多的可能性。

(1.2.2) 基于人工表面等离激元传输线的功能器件研究现状

SSPPs 具有独特的强场束缚和低串扰特性，特别适合于构建微波和射频传输系统。近年来，科研人员开发了多种基于 SSPPs 传输线的微波毫米波平面集成等离子体器件，主要包括滤波器、天线、分频器、放大器、倍频器以及动态可调器件。

由于 SSPPs TL 具有天然的低通滤波特性，因此，基于 SSPPs TL 的滤波器主要可分为带通滤波器和带阻滤波器两类。由于 SSPPs 具有天然的高频抑制特性，在设计带通滤波器时只需在低频部分引入传输零点即可实现带通特性。目前，实现 SSPPs 带通滤波器的方式主要包括两类：（1）混合 SSPPs –基片集成波导/矩形波导[典型设计如图 1-10（a）所示]，这种带通滤波器结合了 SSPPs 的天然低通特性与基片集成波导/矩形波导的天然高通特性，通过混合电路设计将各式 SSPPs 嵌入波导中，以达到高效的带通滤波目的[68]-[71]；（2）引入电容的带通滤波器，这种滤波器利用电容在低频的巨大阻抗特性进行低频传输抑制，主要的实现方式包括引入裂缝等效电容和交指电容效应[72]-[74]。基于 SSPPs 的带阻滤波器主要是通过在 SSPPs 传输线中引入谐振单元结构实现的，如图 1-10（b）所示，主要的谐振单元包括 LC 共振结构、开口谐振环（SRR）结构以及互补 SRR（CSRR）结构[75]-[77]。通过引入不同尺寸的谐振单元结构，可以在 SSPPs 传输线中实现多频、宽频带阻滤波；通过增加谐振单元的数量，可以提升带阻滤波器的抑制深度，但整个传输结构的占地面积也会随之增加。

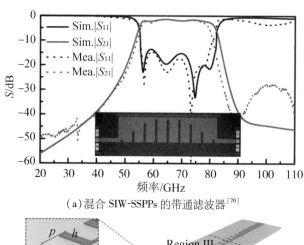

（a）混合 SIW-SSPPs 的带通滤波器[70]

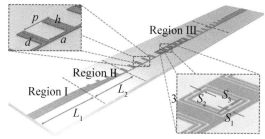

（b）引入 CSRR 的带阻滤波器[76]

图 1-10　基于 SSPPs 的滤波器

　　为了实现射频信号分离并更好地应用于集成电路，基于 SSPPs 传输线的功分器和分频器也被广泛研究。2015 年，Gao 等人提出了首个基于 SSPPs 的宽带 3 dB 功分器，如图 1-11 所示，其实现方式与基于微带线的 Y 型功分器类似，两路 SSPPs 被阶梯渐变的转换结构激励，且 SSPPs 在两个输出端口上实现了低损耗和高功率的一致性[78]。此后，多种类似结构的器件相继被报道，如基于非对称设计的功率不等分 SSPPs 功分器[79]、宽带 SSPPs 分频器[80]等，为 SSPPs 有源、无源器件及相关集成电路的开发奠定了基础。

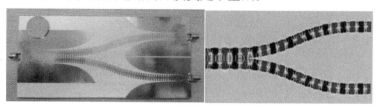

图 1-11　首个基于 SSPPs 的宽带 3 dB 功分器[78]

　　除了传输特性，将传播的 SSPPs 波转换为定向辐射波用于无线通信也成为研究的热点。实现 SSPPs 辐射的方法大致可以分为三类：（1）SSPPs 传输线可以作为馈电结构来激励不同类型的天线；（2）SSPPs 通过电磁耦合向自由空间辐射；（3）SSPPs 可以设计成漏波天线（LWAs）。基于 SSPPs 传输线馈电的天线结构主要包括偶极子天线、贴片天线、介质谐振天线和 Vivaldi 天线[典型案例如图 1-12（a）所示]，利用 SSPPs 作为天线的馈电结构可使辐射单元具有紧凑性、宽频性以及天然的滤波性[81]-[83]。由于 SSPPs 的波数随锯齿深度的增加而增加，而其他条件不变，因此，可以通过逐渐减小锯齿深度，将高束缚的 SSPPs 传输线改变为传播的空间波[84]-[86]。如图 1-12（b）所示，典型的 SSPPs 天线由馈电单极子和阶梯渐变的 SSPPs 结构组成，位于阶梯渐变末端的 SSPPs 阵列可实现电磁波的空间辐射[86]。由于 SSPPs 波是在传输线上传播的表面慢波，因此 LWAs 是构建等离子体辐射的另一种有效选择，它具有低剖面、高增益和频率波束扫描等优点。利用 SSPPs 实现 LWAs 的方法主要有三种：第一种是基于广义斯奈尔定律引入沿传播方向的负相位梯度使 SSPPs 波转换为空间传播波[典型设计图 1-12（c）所示][87]-[88]；第二种是利用前、后不同周期结构间提供的可操控频率依赖波束，使 SSPPs 波逐渐向自由空间辐射[典型设计如图 1-12（d）所示][89]-[90]；第三种，除了直接改变 SSPPs 传输线本身的结构外，周期性地添加外部耦合结构也是一种有效的方法[91]-[92]。

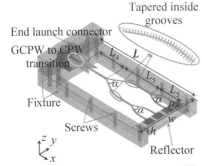

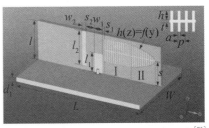

（a）SSPPs 馈电的微带贴片天线阵列[83]　　（b）基于电磁耦合结构的 SSPPs 辐射天线[86]

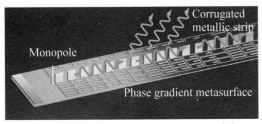
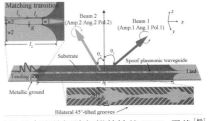

（c）基于负相位梯度超材料的 SSPPs 天线[87]　　（d）具有连续漏波扫描特性的 SSPPs 天线[89]

图 1-12　基于 SSPPs 的辐射天线

上述无源 SSPPs 器件很好地利用了 SSPPs 传输线的独特特性，但存在传统无源器件固有的缺点：一旦设计完成，相关器件的功能就会固定，不仅浪费资源，而且难以满足现代射频系统对功能多样性和灵活性的要求。相比之下，使同一无线设备具有多种功能已成为智能射频领域最具创新性和最前沿的技术之一，因此基于 SSPPs 的可调器件和系统具有更广泛的应用。2018 年，东南大学崔铁军团队提出了一种基于 SSPPs 的高效可调滤波器[93]，如图 1-13（a）所示。该滤波器由多个独立的 SSPPs 单元组成，每个单元集成了级联变容管和并联变容管，通过外加偏置电压独立控制每个变容管的电容，可以实现对滤波器截止频率的任意定制。此后，基于不同可调材料的 SSPPs 功能器件被相继提出，如基于液晶材料的可调 SSPPs 带阻滤波器和平衡移相器[如图 1-13（b）所示，利用液晶材料的介电常数可随外加电压调节的特性，改变 SSPPs 的传播常数][94]-[95]；基于变容二极管的可调 SSPPs 威尔金森功分器和耦合器[96]-[97]、基于石墨烯的可调 SSPPs 传输线[如图 1-13（c）所示，通过外加电压调节附着在 SSPPs 传输线上石墨烯薄膜的费米能级，改变石墨烯的表面阻抗和欧姆损耗，从而实现对 SSPPs 传输损耗的动态调控][98]-[99]；基于二氧化钒的可调太赫兹 SSPPs 传输线[如图 1-13（d）所示，将二氧化钒薄膜嵌入 SSPPs 锯齿结构内，通过改变环境温度，调节二氧化钒电导率，从而实现对 SSPPs 色散特性的动态调控][100]等。这些基于 SSPPs 传输线的可调功能器件的提出拓展了无源器件的应用范围，使其能够更好地适应现代射频系统对功能多样性和灵活性的要求。这些创新的技术为射频领域的发展带来了巨大的潜力，为无线通信、无线传感、雷达系统等提供了更加灵活、高效和可调节的解决方案。

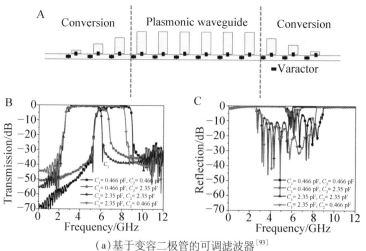

（a）基于变容二极管的可调滤波器[93]

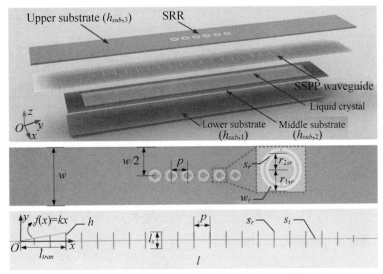

（b）基于液晶材料的可调 SSPPs 带阻滤波器[94]

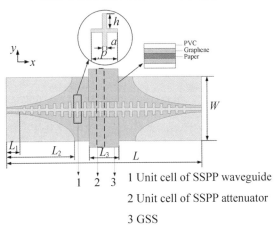

1 Unit cell of SSPP waveguide

2 Unit cell of SSPP attenuator

3 GSS

（c）基于石墨烯的可调 SSPPs 传输线[98]

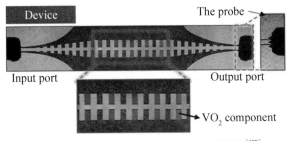

（d）基于二氧化钒的可调太赫兹 SSPPs 传输线[100]

图 1-13　基于 SSPPs 的可调功能器件

　　除了简单的可重构 SSPPs 功能器件，研究者们还开发了一些基于 SSPPs 的可编程器件，不仅可以进行简单的功能重构，还可以实现一系列的电磁功能。如图 1-14(a)所示，通过在每个锯齿单元之间或锯齿单元结构内添加 PIN 二极管，通过对 PIN 二极管的偏置电压进行编码来控制电磁波在 SSPPs 传输线中的传输特性，该可编程器件可以实现移相器、逻辑门、慢波控制等一系列电磁功能[101]-[102]。此外，研究者们还提出了基于数字编码技术的可调 SSPPs 传输线，该传输线可在深亚波长尺度上实现调制深度接近 100% 的表面波幅度和相位的数字调制[103]。近年来，一种多功能的数字编码 SSPPs 传输线被报道，如图 1-14(b)所示，该器件可以实现三种调制功能，包括幅度键控、相移键控和频移键控，不同调制功能用以产生不同的 SSPPs 信号[104]。总之，可编程 SSPPs 传输线为实现更灵活、更安全的射频系统提供了一种新的解决方案。

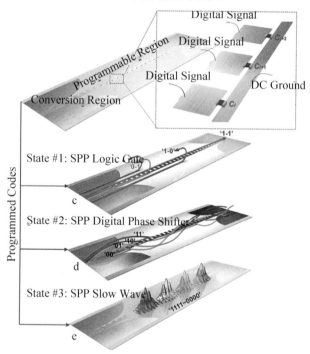

（a）实现移相器、逻辑门、慢波控制的可编程 SSPPs 传输线[101]

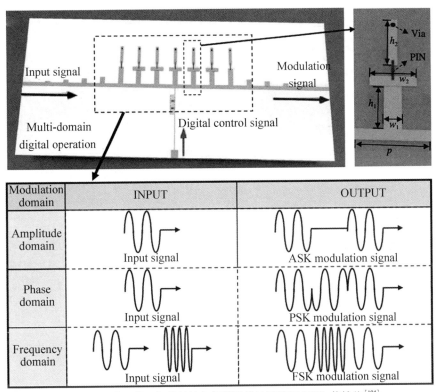

（b）实现幅度键控、相移键控和频移键控的可编程 SSPPs 传输线[104]

图 1-14　可编程 SSPPs 传输线

　　上述基于 SSPPs 传输线的功能器件均是无源应用，如何将 SSPPs 传输线与射频半导体有源器件相结合，从而实现 SSPPs 波的放大、倍频等功能是极其重要的。2015 年，研究者采用镜像对称结构的双导体 SSPP 波导，首次实现了 SSPPs 传输线与微波半导体器件的结合。如图 1-15（a）所示，将微波低噪声放大器芯片加载到镜像对称的 SSPPs 传输线中，并采用金丝键合的方式实现 SSPPs 与芯片之间的连接，测试结果表明，该器件在 6 ~ 20 GHz 频率内实现了约 20 dB的高增益 SSPPs 波的放大[105]。该有源器件的实现为 SSPPs 的通用化提供了一种新的解决方案。与基于 SSPPs 的有源放大器类似，可利用相同的结合方式实现 SSPPs 谐波的高效产生：通过金丝键合将 SSPPs 传输线与微波倍频器连接，利用 SSPPs 独特的色散特性抑制基波和其他不必要的高次谐波，从而实现高效 SSPPs 倍频技术[106]。此外，研究者基于 SSPPs 放大器和石墨烯引入的衰减机制，提出了 SSPPs 放大与衰减一体化设计，如图 1-15（b）所示，随着石墨烯的偏置电压从 0 增大到 4 V，SSPPs 放大器的增益在 −10 dB 至 10 dB 变化，表现出对衰减、透射和放大的动态调节作用[107]。这些有源器件的提出，使得 SSPPs 在分裂非系统状态下的亚波长电磁场调控特性充分作用于传统信息技术系统，突破了相关底层技术壁垒，提升了系统性能。

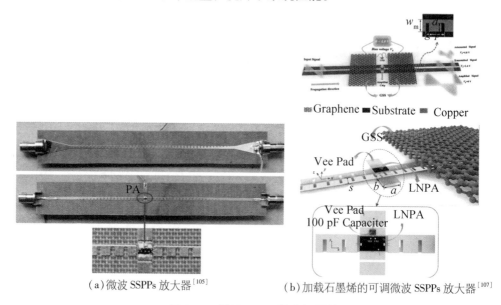

（a）微波 SSPPs 放大器[105]　　（b）加载石墨烯的可调微波 SSPPs 放大器[107]

图 1-15　基于 SSPPs 的有源器件

1.2.3 基于人工表面等离激元传输线的射频系统研究现状

SSPPs 传输线具有高束缚和低串扰特性，使其特别适用于高密度紧密排列的信道区域，例如高集成射频通信系统。2017 年，南洋理工大学 Y. Liang 等人提出了利用 SSPPs 实现互补金属氧化物半导体（CMOS）片上互联的亚太赫兹输入/输出（I/O）通信收发机架构，如图 1-16（a）所示[108]。该设计将传统的传输线、耦合器、调制器和振荡器结构更替为 SSPPs 结构，将电磁波限制在周期性锯齿槽上，使各通道间的串扰得到了较强的抑制。仿真结果表明，SSPPs 应用于收发机芯片时可以显著减少信道串扰，从而获得更高的 ON/OFF 比、数据速率和能量效率。但该研究只对 SSPPs 传输线和互联进行了实物加工和测试验证，缺乏对各功能器件以及收发机系统级应用的实验验证。2020 年，张浩驰等人提出了一种紧凑的平面 SSPPs 无线通信射频收发系统，如图 1-16（b）所示，由于 SSPPs 的强场约束能力，两个独立的通信信号可以在两个亚波长 EM 通道上独立调制和传输[109]。为了进行对比，作者还创建了一个基于微带线的无线通信射频收发系统，其系统结构和几何尺寸与基于 SSPPs 的系统相同。在相同的实验条件下，对这两种无线通信系统进行了视频传输性能对比实验。实验结果显示，基于 SSPPs 的无线通信系统在实时通信速度方面超过 500 Mbps 的速度，当两部高清影片在两个波长距离为 1/10 的通道中同时传输时，可在接收端实时接收两部影片且无误码。与之对比，基于微带线的无线通信系统在同样的对比实验中难以实现两个亚波长间距通道中两个视频的独立传输，这也验证了基于 SSPPs 系统的高束缚性和低串扰性的独特优势。

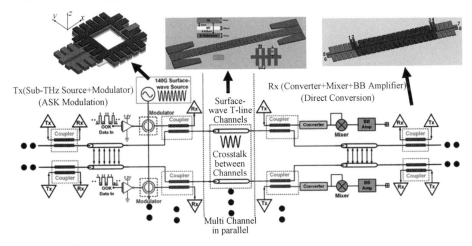

（a）基于 SSPPs 的亚太赫兹 COMS 双向互联收发机结构[108]

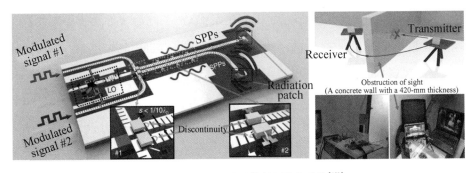

（b）基于 SSPPs 的无线通信射频收发系统[109]

图 1-16 基于 SSPPs 的通信收发机系统

典型的 SSPPs 射频系统如图 1-17 所示，作为一种可穿戴医疗监护设备，它充分利用了 SSPPs 传输线的柔性以及衬底灵活性[110]。该基于纺织品衬底的 SSPPs 的顶层为超薄锯齿槽结构，中层为织物层，下层为无图案金属导体层。作者基于该 SSPPs 设计了集成的功分器、天线和环形谐振器，并将两个蓝牙传感器集成在该纺织物上用于同时向智能设备传输数据。该医疗监护设备的核心思想是通过在衣服上编织 SSPPs 传输线来构建位于人体各个部位的传感器之间的互联，通过这种方式可采集人体的生物信号并通过天线辐射到外界智能运算设备，如手机、手环、电脑等。这种基于 SSPPs 传输线的可穿戴医疗监护设备充分考虑了射频和纺织物之间的互动，在健康管理、体育训练和生物监测等领域具有广阔的应用前景。

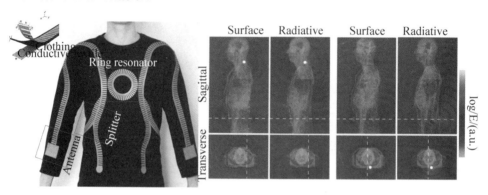

图 1-17　基于 SSPPs 的可穿戴医疗监护设备[110]

2023 年 4 月，高欣欣、马骞等人提出了基于 SSPPs 传输线的功分器和耦合器作为可编程的人工神经元，利用 SSPPs 对电磁波的低损传播特性来实现人工神经元之间的连接和信号传输，利用检测端口和放大器偏置电路之间的闭环反馈系统实现可编程的非线性激活函数（例如 Relu、Relu2、Tanh 和 Sigmoid 函数）[111]。如图 1-18 所示，整个可编程表面等离激元神经网络（SPNN）系统由多个子模块组合而成，每个子模块包含 4 个输入 SSPP 单元和 4 个输出 SSPP 单元进行交叉连接，形成一个全连接的 4×4 可编程神经元子块。最后，以多个可编程神经子块进行局部连接排布，构建了最终的可编程表面等离激元神经网络。SPNN 的可编程特性保证了其能够使用相同的平台实现不同的任务，构建出通用的电磁波空间智能信号感知处理平台。为了验证 SPNN 在电磁探测和信息处理上的应用，该团队设计并展示了基于 SPNN 的无线通信实时解码案例，实现了图像的无线传输，总误码率为 0.04%。SPNN 神经网络有望代替现代无线通信系统模拟前端(例如混频器和模拟数字转换器)中的传统射频组件，以实现大容量信号处理的功能。

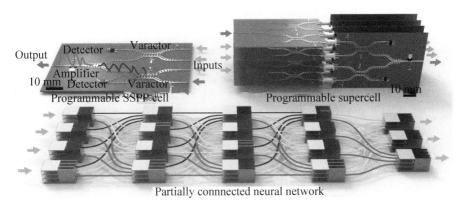

图 1-18　用于微波探测和处理的可编程 SSPPs 神经网络[111]

1.2.4　SSPPs 在太赫兹波调控中的发展趋势和所面临的问题

人工表面等离激元传输线(SSPPs)具有调控电磁波特性的优势，并且可以通过控制模式固有特性实现出色的性能。这些性能包括自然滤波、耦合抑制、高束缚、场增强、低串扰、小型化和一致性等。此外，SSPPs 的优异慢波特性为解决电子信息系统中的潜在物理问题提供了有效的解决方案。然而，目前对于人工表面等离激元传输线和功能器件的研究大多集中在微波频段，而在太赫兹频段的研究相对较少。随着太赫兹科学技术的发展，太赫兹表面等离激元受到国际上的广泛关注，相关研究也在不断深入，并取得了一定的成果。这些研究填补了太赫兹 SSPPs 的研究空白，并做出了实质性的贡献。但是，目前大多数研究仍处于实验室阶段，尚未达到实际应用的程度。

在太赫兹波调控中，人工表面等离激元传输线的研究和设计仍面临一些挑战，其中包括如下几方面。

(1)需要深入研究和发展新型太赫兹 SSPPs 传输结构，在适用于太赫兹集成电路的加工制备工艺下(如 InP、GaN 等化合物半导体工艺)，寻找具有更低损耗、更紧凑结构、更强束缚性和更高灵活性的 SSPPs 传输线。

（2）由于 SSPPs 的使用相对独立，难以与其他系统集成，因此暂时难以取代传统技术。特别是对于常用的太赫兹波矩形波导传输器件而言，需要解决 SSPPs 结构与波导之间模式转换带来的设计负担，以降低过渡结构的占用面积，并提高转换效率，从而降低制造难度。

（3）如何拓展太赫兹 SSPPs 的应用范围，提升器件性能，降低制造难度，并尽快将器件实用化和产品化。特别是在太赫兹固态技术领域，利用 SSPPs 的高效场束缚特性和低耦合效应，探索其在太赫兹固态电路、器件和系统中的新应用领域。

（4）常用的微波频段可调器件，如 PIN 二极管、变容二极管和肖特基二极管，尺寸相对于太赫兹 SSPPs 的亚波长结构来说较大，难以直接集成在 SSPPs 传输线中。因此，需要寻求适用于太赫兹 SSPPs 的新型可调材料和调控方式，实现对太赫兹波的灵活调控。

总之，太赫兹 SSPPs 是一个研究热点，但仍存在一些挑战和问题需要解决。通过深入研究新型传输结构、与其他系统的集成、拓展应用范围以及寻求适用的可调材料和调控方式，可以进一步推动太赫兹 SSPPs 技术的发展，实现其在实际应用中的潜力。

1.3 基于人工电磁超表面的太赫兹波吸收研究进展

随着人工电磁超表面功能器件研究的不断深入，一种称为超表面完美吸波器（Metasurface Perfect Absorber，MPA）的亚类器件充分展示了超表面电磁波吸收的优势。MPA 一般由金属层和介电层在垂直方向上叠加而成，通过合理的设计超表面的单元结构和周期尺寸，可实现 MPA 与自由空间的阻抗匹配，减少入射电磁波的反射，使得 MPA 与入射波的电磁分量产生强耦合（主要包括偶极子共振、LC 共振和表面等离激元模式），从而实现目标波段的完美吸收[112]。阻抗匹配和电磁波衰减是 MPA 吸收器实现完美吸收必须考虑的两个因素：阻抗匹配是指在 MPA 表面上周期阵列的排布特定的单元结构，使入射电磁波尽可能地穿透到器件内部[113]；电磁波衰减是指增加介质材料的有效电磁参数的虚部，以消耗整个入射电磁波[114]。与传统的吸波器相比，MPA 不仅可以实现完美吸收和宽带吸收，而且可以打破介质层的厚度限制，使得器件在较薄的介质层下仍然能够实现出色的吸波性能，这使得 MPA 在紧凑器件和集成系统的应用(如生物传感、光热检测、生物成像、以及电磁隐身等)中具有重要意义。本节将介绍本书中着重研究的二维人工电磁超表面(MPA)的发展历史及研究现状。

(1.3.1) 固定吸收超表面完美吸波器的研究现状

2008 年，Landy 等人率先设计了第一种基于电磁超表面的完美吸波器，并在 11.48 GHz 处实现了完美的单峰吸收[115]。该吸波器由顶层裂环谐振器(ERR)-介质层-底层金属条组成，吸收主要来自顶层 ERR 的电响应、顶层与底层金属之间形成的反向电流引起的磁响应，且这种超表面设计允许对电和磁响应进行单独调谐。例如，调整 ERR 的几何形状可以调整共振的频率位置和强度，同时改变两个金属结构的间距及其几何形状，可以修改磁响应。在后续研究中，为了进一步提高吸收率、降低制备复杂度和设计难度，研究者们将底部金属条替换为金属反射板，以确保透过吸波器的电磁波可以忽略不计。同年，该团队在太赫兹频段内实现了首个 MPA[116]，如图 1-19(a)所示，该结构由一个位于 8 μm 聚酰亚胺(Polyimide, PI)介电层上的金属开口谐振环(SRR)和一个厚度为 200 nm 的金属连续反射面组成。通过几何结构优化，该吸波器可在 1.6 THz 实现完美吸收，其吸收原理与第一个 MPA 类似。随着第一个 MPA 在微波和太赫兹频段范围内实现，类似的单频 MPA 设计快速缩放至其他频率，如毫米波频段[117]、红外频段[118]，如图 1-19(b)所示。对于单频 MPA 而言，最重要的设计目标为实现高吸收率和高 Q 值，该性能同时也是实现生物化学大分子光谱传感应用的关键。近年，研究者们提出了多种降低 FWHM(Full width at half maximum)和工作波长比值进而提升 Q 值的方法：通过增加金属十字架形偶极子谐振器的长宽比和周期可调整相邻单元之间的耦合程度，可将比值降低至3%左右[119]；通过修正偶极共振与四极共振之间的耦合相位，可以获得超过97%的窄带吸收率，且 FWHM 与波长比为 1.1%[120]；采用一阶谐振结构，加上顶部两层金属超表面之间形成的附加电容负载，可获得 31 的高 Q 值[如图 1-19(c)所示][121]。

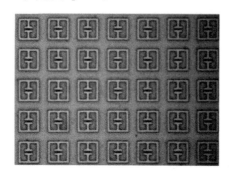

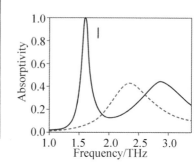

（a）首次提出的太赫兹频段完美吸波器[116]

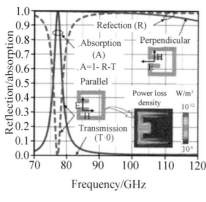

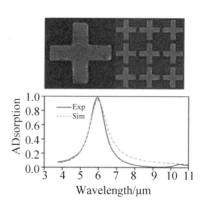

（b）毫米波、红外频段完美吸波器[117]-[118]

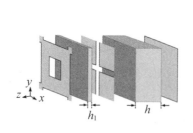

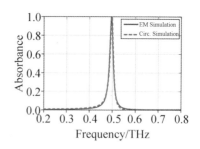

（c）高 Q 值太赫兹窄带吸波器[121]

图 1-19　单频窄带超表面完美吸波器

在太赫兹生物化学传感、探测等领域，多频完美吸波器比单频吸波器具有更稳定的应用价值。多频段太赫兹 MPA 是在单频段 MPA 设计的基础上发展起来的，为了在基本的三层结构(超表面—介电层-金属反射面)上实现平面排列的多波段吸收，研究者们已经采用了几种方法。一是几何形状相同但大小不同的单元结构周期性排列，例如，将半径为 0.8 μm 和 0.4 μm 的石墨烯圆盘放置在同一个周期单元内，由两种不同尺寸的石墨烯盘产生的电偶极子共振可在 7.1 THz 和 10.4 THz 处实现完美吸收[122]。二是不同几何形状的单元结构周期性排列，典型的设计是将两个不同尺寸的矩形环和一个矩形盘结构嵌套在一个周期内，在 0.5~2 THz 范围内实现三频吸收[如图 1-20(a) 所示][123]。三是通过旋转一定角度周期性排列形状和大小相同的单元结构，例如，将石墨烯椭圆环旋转180°，在一个周期内排列两个石墨烯环实现双频吸收[124]。除了基本的三层结构外，还可将具有不同几何形状的超表面谐振结构用适当厚度的介电层隔开，并在垂直空间上堆叠形成多层结构，从而实现多频吸收，如图 1-20(b) 所示[125]。虽然这种多层结构实现多频吸收的方式可降低吸波器尺寸，但其加工制备难度较大，因为每一层的超表面图案都需要在垂直方向上精准对齐。除了单个谐振结构产生的电磁响应触发的基模实现多频吸收外(如上述由表面振荡的位移电流形成的 LC 共振、偶极子共振等)，利用单元之间的相互耦合而产生的高阶共振引起的吸收同样也可以用于多频吸收设计(如与周期尺寸相关的表面等离激元模式等)，如图 1-20(c) 所示[126]。

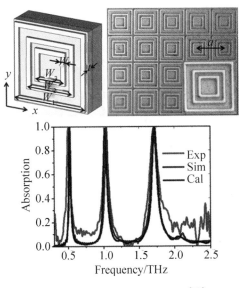

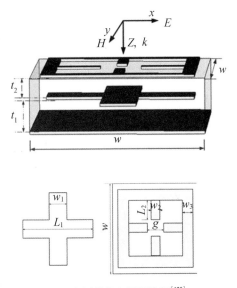

(a)融合不同结构的多频吸波器[123]　　　　　(b)多层结构多频吸波器[125]

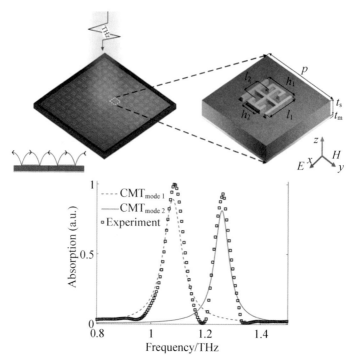

（c）基于表面等离激元模式的多频吸波器[126]

图 1-20　太赫兹多频吸波器

单频和多频带 MPA 由于带宽相对较窄，在滤波、通信、隐身等领域的应用受到限制，因此，如何实现宽带 MPA 也是当前的研究热点。对于宽带吸波器，更宽的完美吸收工作频谱意味着更低的品质因数 Q 值，通过将 MPA 的表面有效电阻提高到一个相对较大的值，可以以较低的 Q 值实现宽带吸收[127]。与多频段太赫兹 MPA 类似，宽带太赫兹超表面完美吸波器的实现方式主要是通过精心设计，将多个谐振结构合并到一个单元结构中，使其共振频点相互重叠。最终的吸收光谱具有多个共振峰，可以近似认为是单个共振之间的线性叠加，使多个共振频点彼此靠近，从而实现宽带吸收[128]。因此，太赫兹宽带 MPA 的实现方式也主要包括四种：（1）不同尺寸或几何形状的单元结构周期性排列的三层结构[129]-[130]；（2）由介电层隔开的不同尺寸或几何形状的多层金属超表面垂直堆叠结构[131]-[132]；（3）由金属层和介质层交替叠加形成的具有梯度大小变化的金字塔结构[133]-[134]；（4）由低导电性材料制成的全介质结构[135]-[136]。前两种实现方式与多频 MPA 相似，因此不再赘述，此处主要介绍后两种实现方式。如图 1-21(a)所示，Y. X. Cui 等人首次提出采用垂直堆叠的金属/介电层锯齿形金字塔实现中红外波段的宽带吸波器[133]。不同于上述三层或多层的超材料，该吸波器的入射波沿 Z 方向穿过各向异性的堆叠结构并旋转进入金字塔，磁场集中在金字塔与空气界面，形成一组空气/金字塔/空气形式的弱耦合共振慢波模式，从而在 3~6 μm 频段内实现宽带吸收。如图 1-21(b)所示，S. Sriram 等人使用掺杂 Si 作为介电材料，提出了一种基于十字形平面阵列的全介质结构超材料吸波器[136]。实验验证表明，该吸波器在 0.67~1.78 THz 范围内的吸收率超过 90%，相对带宽为 90%。这种宽带吸收特性主要是由于刻蚀的十字形交叉结构导致的等离子体共振。由于制备工艺的限制，多层垂直堆叠和梯度金字塔结构的宽带吸波器在太赫兹频段几乎没有得到实验验证。传统三层超表面吸波器相对容易制备，但绝对带宽通常仅为 GHz 量级。

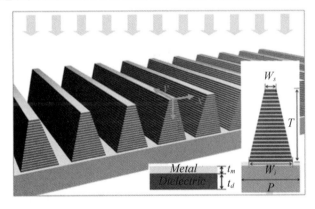

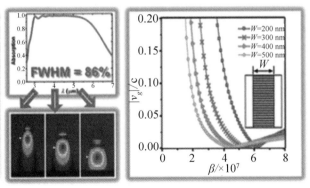

(a)由金属层和介质层交替叠加形成的具有梯度大小变化的金字塔结构吸波器[133]

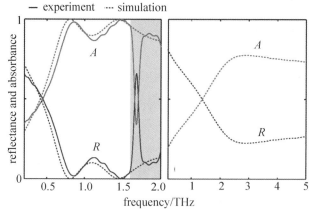

（b）由掺杂 Si 材料制成的全介质结构[136]

图 1-21　太赫兹宽带电磁超表面吸波器

太赫兹 MPA 的吸波性能不仅与其电磁吸收强度和工作频带有关，还受极化依赖性和角度敏感性的影响。因此，在吸波超材料的研究中，实现偏振无关的广角吸收也是一个重要问题。偏振无关性通常通过设计结构单元来实现，即使其在旋转 90° 后可以相互重叠[137]-[138]。首次报道的极化无关太赫兹 MPA，如图 1-22 所示，该 MPA 由改进型电耦合环形谐振超表面—BCB 介电层-十字形超表面组成，整体结构具有 90° 旋转对称性。实验验证表明，在 TE 极化和 TM 极化下，该吸波器具有 77% @ 1. 145 THz 的吸收[139]特性。后续研究表明，大多数已证实的极化无关的超表面吸波器的单元结构应具有至少 $\pi/2$ 的旋转对称性[132],[140]-[141]。角度灵敏性决定了电磁场能否吸收任意角度入射的电磁波，对拓宽电磁场的应用领域具有重要作用。现有报道的大多数太赫兹 MPA 都具有一定的广角吸收特性，因此可以通过特殊的结构设计来优化角度灵敏度[116],[142]-[143]。文献[116]首次对太赫兹 MPA 的角度灵敏性进行了计算和实验验证，当入射角在 80° 以内时，TM 极化的吸收率保持在 99% 以上；而当入射角大于 50° 时，TE 极化的吸收率低于 90%。此外，进一步研究发现，与 TE 极化相比，TM 极化的广角吸收率特性来源于其与类等离子体表面电磁波的耦合[144]。

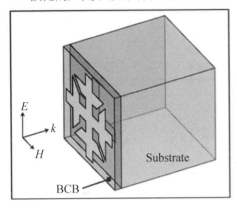 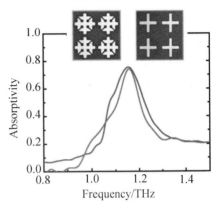

图 1-22　首次报道的极化无关太赫兹 MPA[139]

总的来说，MPA 是在亚波长范围内形成的一种新型电磁吸收超材料，其单元周期 p 与工作波长 λ_0 的比值通常在 1:20 到 1:2 之间，将超材料结构设计成极其紧凑的螺旋形，可以使 p/λ_0 的比值达到 1:2000[145]。此外，MPA 打破了传统吸波器对介质层厚度的限制，为吸波器提供了一种有效实现超薄特性的途径。最初设计的 MPA 的厚度为 $\lambda_0/35$[115]，此后，研究者们就如何实现超薄 MPA 展开了研究，并将 MPA 的厚度成功降低至 $\lambda_0/69$、$\lambda_0/75$[146]-[147]。从上述研究现状可知，大多数的 MPA 都被设计成具有规则形状的单元结构，从而排除单元之间的近场耦合。经过仿真和实验比较，这种设计方法对亚波长超材料来说是可以接受的。然而，对具有各种子单元的复杂超表面，不能简单地从这些子单元中添加规则的目标结构，比如，非均质单元之间的近场耦合对于全介电超材料设计更为重要[148]。随着计算能力和算法的进步，深度学习和逆设计方法等新的设计策略，可能会对超材料的设计产生颠覆性的影响，最终从不规则的形状中带来前所未有的特性。

1.3.2　动态可调超表面吸波器研究现状

在过去的二十年里，电磁超表面吸波器的研究逐渐成熟，人们对实现应用的超材料的兴趣不断增长。然而，随着现代技术的不断发展和 MPA 研究的不断深入，对 MPA 的要求不再仅仅是体积小、吸收率高，而是具有良好的可调谐性和通用性，从而引领材料和电磁器件的下一次革命。电磁波与 MPA 的相互作用是在非常小的体积内产生高度局域化的强谐振场，因此谐振单元的几何形状、组成材料以及周围环境的微小变化都会导致谐振响应的显著变化，这种相应变化包括频移、幅度变化、相位变化和极化转换。因此，通过在场集中区域放置功能介质或元件，施加外部刺激，例如激光、温度、电压或磁场，来改变材料特性，从而动态控制 MPA 的电磁响应。

2010 年，Zhu B 等人通过在谐振单元之间直接放置有源集总二极管实现了对 MPA 的首次电控调谐[149]，然而，随着频率上升至太赫兹频段，单元结构尺寸降低，制备难度大，直接在 MPA 中插入集总元件是不切实际的。尽管如此，研究者们通过将 MPA 与半导体、二维可调材料以及一些功能集成，实现了对太赫兹 MPA 的动态电调控。电调控太赫兹 MPA 的实现方法主要包括以下几类。(1)液晶材料具有电压相关的双折射特性，用液晶材料替换传统介电层，并通过改变液晶材料的偏置电压改变介电层的介电常数，从而导致谐振偏移[150]-[152]。例如，2013 年，Shrekenhamer 等人使用 5CB 液晶填充在顶层和介电层之间[150]，可以通过改变施加的偏置电压来控制液晶的折射率。如图 1-23 (a)所示，当偏置电压从 0 V 变为 4 V 时，吸波器的吸收频点从 2.62 THz 移至 2.5 THz。(2)在太赫兹频率下，金属超表面阵列可以直接在掺杂的半导体薄膜上制造，形成肖特基结，在半导体和底接平面之间建立欧姆接触[153]-[155]。典型设计如图 1-23(b)所示，MPA 由两个金属层组成，中间有一个 2 μm 的 GaAs 掺杂外延层，底部接地平面通过铟凸起与电极连接。当在 MPA 和半导体之间施加反向偏置电压时，接触区域中的载流子将逐渐耗尽，调制深度可达 30% 左右[153]。(3)通过将铟锡氧化物(indium tin oxide，ITO)插入在 MPA 和底接平面之间形成的等离子体腔中，可以通过腔间的外部电压偏置控制 ITO 载流子浓度[156]-[158]。图 1-23(c)显示了由等离子体间隙谐振器构建的电可调谐超表面示意图，该超表面能够通过电调谐间隙内的 ITO 载流子密度来实现 0 ~ 180° 的相变[156]。(4)近年来，电可调谐 MPA 的研究主要集中在石墨烯二维材料上，石墨烯在太赫兹波段具有两个特点：一是可以提供强表面等离激元增强效应，大大增强与电磁波的相互作用；二是可以通过掺杂浓度、加载偏置电压等方式来实现电导率的调节，从而改变其电磁特性，实现动态可调谐的太赫兹

MPA[159]-[162]。2018 年，姜彦南等人报道了一种基于矩形框图案化石墨烯结构的宽带可调吸波器，如图 1-23（d）所示，通过在石墨烯薄膜边缘附加一金属 Pad 实现石墨烯的外置偏压调控，但这种加电方式的调控效果受介电层厚度的影响[163]。2019 年，厦门大学叶龙芳等人提出了一种混合无图案石墨烯-金属超表面的多频可调吸波器，如图 1-23（e）所示，该吸波器可在整个太赫兹频率范围内实现 6 个可调吸收峰[164]。

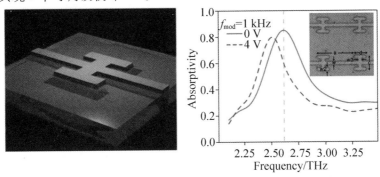

（a）基于液晶材料[150]

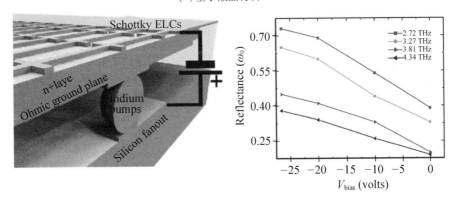

（b）基于半导体肖特基结[153]

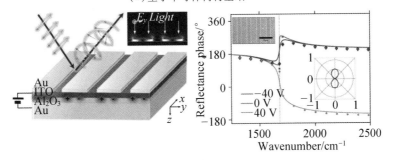

（c）基于 ITO 材料[156]

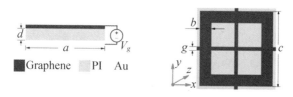

(d)基于图案化石墨烯薄膜[163]

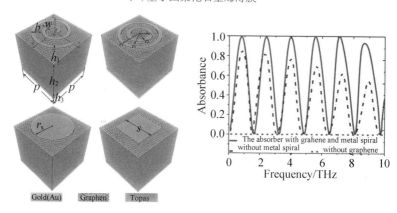

(e)基于金属超表面-石墨烯结构[164]

图 1-23　电调谐太赫兹可调超表面吸波器

通过控制外界温度，某些温度敏感材料的电磁性能可以发生改变，从而改变 MPA 的吸收性能。对于典型的温度敏感材料二氧化钒（VO_2），当外部温度约为 340 K 时，可以以亚皮秒速度发生从绝缘体到金属的相变，电导率可以提高 4~5 个数量级[165]。当 VO_2 处于绝缘态时，单元结构的电磁响应可以忽略不计，而 VO_2 一旦进入金属相则会产生强烈的电磁响应，吸收率就会显著增加[166]。典型设计如图 1-24(a)所示，采用 VO_2 方形环作为谐振腔材料替代传统的金属超表面，最大可调谐吸收范围可从 4% 增加至 100%[167]。由于吸收的可调性，MPA 可以添加更多的功能，例如，研究者设计了一种嵌套多层结构，如图 1-24(b)所示，利用 VO_2 的相变特性，通过温度调节，可将宽带 MPA 转换为反射型的宽带半波片[168]。除了 VO_2 这种相变材料外，可利用锑化铟（InSb）、钛酸锶（STO）等高介电常数材料的有效介电常数随着温度变化的特性，实现太赫兹波段吸收峰的位置发生变化[169]-[170]。如图 1-24(c)所示，Luo 等人提出了以 InSb 为谐振腔材料的全介电材料 MPA[170]，入射的太赫兹波可以在 InSb/Au 和 Au/air 界面上产生表面等离激元共振，从而实现太赫兹波的吸收。仿真结果表明，随着温度的逐渐升高，MPA 的吸收频点逐渐递增，展现出优异的线性可调特性。

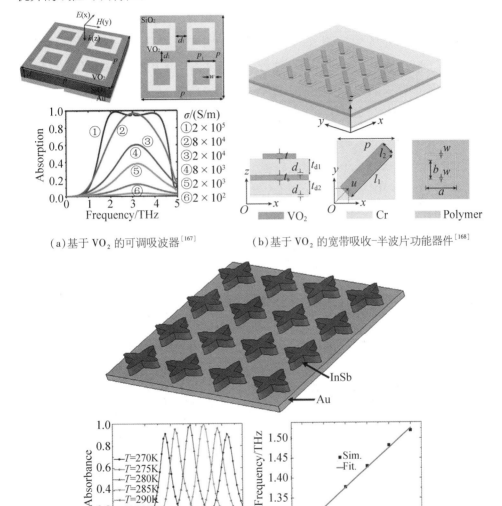

(a)基于 VO$_2$ 的可调吸波器[167]   (b)基于 VO$_2$ 的宽带吸收–半波片功能器件[168]

(c)基于 InSb 可调吸波器[170]

图 1-24　温控太赫兹可调超表面吸波器

在通过泵浦激光照射，可以在光可调谐 MPA 的光敏材料中激发电子，以增加光敏材料的电导率，影响整个 MPA 的有效介电常数，从而改变吸收特性。

光可调谐 MPA 的设计和加工相对简单易行，目前比较成熟，与 CMOS 器件兼容集成，可以应用于太赫兹传感和成像等领域[171]。光敏材料一般选择的是半导体材料，如硅、砷化镓(GaAs)等。图 1-25(a)显示了一种典型的光学可调谐太赫兹吸波器的原理图，整个吸波器制作在蓝宝石衬底上，通过使用约 200 mW 的光泵浦光束，可实现一个双波段可调吸波器，其在 0.7 THz 的 LC 共振和 1.1 THz 的偶极子共振下，分别实现了 38% 和 91% 的吸波调制深度[172]。由于太赫兹脉冲入射在厚蓝宝石衬底上，衬底与自由空间交界面上的多次反射限制了实际吸收功率，由此产生的混叠脉冲串使信号处理变得复杂。为了避免这个问题，研究者将图形化 GaAs 薄膜和超材料谐振器转移到柔性聚酰亚胺介电层上实现了独立的 MPA[173]，如图 1-25(b)所示，仅用 25.6 mW 的光泵浦功率，在 0.78 THz 和 1.75 THz 时分别获得了 25% 和 40% 的吸波调制深度。此外，2019 年，R. D. Averitt 等人利用单层 H 形全硅阵列取代了典型的三层结构，如图 1-25(c)所示。这种简单的结构大大降低了加工难度，实验结果表明，通过改变光泵浦光束可实现有效的共振频点偏移[174]。

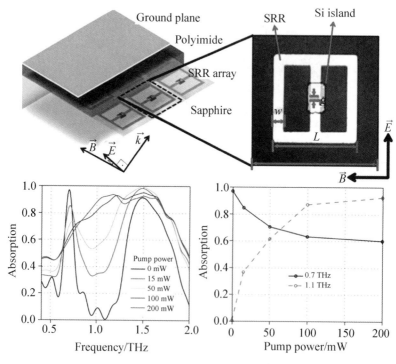

(a)基于 Si 共振结构的吸波器[172]

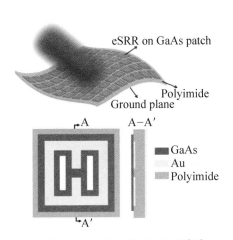
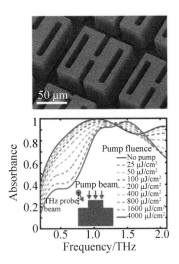

（b）基于 GaAs 共振结构的吸波器[173]　　　　（c）基于 Si 全介质结构的吸波器[174]

图 1-25　光可调谐太赫兹超表面吸波器

超表面吸波器与有源元件的结合使控制电磁波的敏捷平台成为可能，除了使用单一外部激励的调制方案外，还可以同时利用具有多个有源元件的超材料的多个激励，从而进一步改善动态响应。如之前所示，半导体（如 Si）中的载流子浓度可以通过光激励进行调制，而石墨烯的光学电导率则随着外部偏压而改变，因此，石墨烯层和硅层也可以分别用电调谐和光学调谐的方法进行调制。如图 1-26（a）所示，在图形化石墨烯超表面层和掺杂硅层之间有一层薄薄的 STO 间隔层，通过对石墨烯和掺杂硅进行不同的调节方式组合，可实现 55% 的吸收调制深度[175]。除了电调制和光调制外，还可以将其他调制方法结合在一起，实现高性能可调谐吸波器。例如，结合石墨烯薄膜和温度依赖材料，如相变材料 VO_2[176] 和准电材料 STO[177] 等[如图 1-26（b）所示]，以分别调节吸收器的多种性能。多调谐方法可以为独立控制电磁特性提供更大的灵活性，并为成像、传感和通信应用的高性能超材料调制器开辟新的途径。

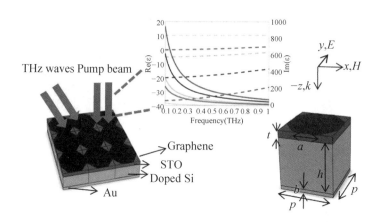

（a）结合石墨烯−掺杂硅的多可调吸波器[175]

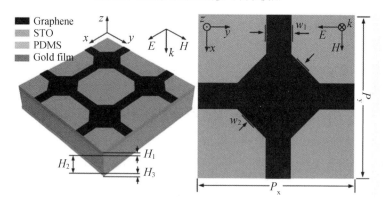

（b）结合石墨烯−STO 的多可调吸波器[177]

图 1-26　多可调谐太赫兹超表面吸波器

1.3.3　MPA 在太赫兹波吸收中的发展趋势和所面临的问题

在过去几十年里，随着微纳米加工技术和理论建模仿真的迅速发展，MPA 器件经历了从单波段、窄带、不可调谐的器件到多波段、宽带、可调谐的器件的发展，并取得了显著的进展。未来的研究方向将致力于进一步拓展 MPA 的吸收范围、降低器件厚度、增加功能多样性、实现灵活的调节以及提高吸收性能的稳定性。然而，太赫兹波段的 MPA 仍处于理论和实验研究阶段。除了对现有器件的不断优化和改进外，探索新材料、新策略和新功能的开发也至关重要。未来太赫兹 MPA 的研发可能面临以下挑战。

（1）对于太赫兹窄带 MPA 而言，如何探索新型的结构以进一步提高吸波器的品质因数（Q 值）和降低衬底厚度，是当前研究者面临的难题。通过设计新的结构，优化器件的几何形状和尺寸，以及引入等效电容、提高耦合程度等方法，可以有效提高太赫兹 MPA 的性能。

（2）迫切需要进一步探索太赫兹窄带 MPA 的实际应用，并进行实验验证。例如，基于太赫兹 MPA 的薄膜折射率传感应用以及生物大分子探测等领域具有广阔的应用前景，这有助于推动 MPA 技术在实际应用中的发展。

（3）对于可调太赫兹 MPA 而言，提高调控的精确度并实现多功能多可控的太赫兹超表面器件将对未来智能太赫兹系统发展至关重要。通过融合多种可调因素，如可调谐介质厚度、可变阻抗、导电率性质可调控等，可以实现对太赫兹波的多功能可切换调控，从而满足不同的应用需求。

（4）由于 MPA 的单元结构尺寸（通常为几微米）远小于太赫兹波的波长，太赫兹 MPA 的制备和测试受到限制，导致目前大多数研究还停留在理论仿真阶段。因此，对太赫兹 MPA 性能的实验验证至关重要。发展适用于太赫兹波段的制备技术，并开展实验验证，有助于验证和改进理论模型，进一步推动太赫兹 MPA 技术的发展。

总之，在过去几十年里，MPA 取得了巨大的进展，为未来可调节、多功能和集成化的研究奠定了基础。然而，太赫兹 MPA 的发展仍面临着结构优化、制造技术限制等因素带来的巨大挑战。攻克这些挑战，将能够进一步推动太赫兹 MPA 技术的应用和发展，为太赫兹频段下的各种应用领域带来更多可能性。

1.4 本书的研究内容和章节安排

不同类别的人工电磁超表面具有不同的特殊应用，本书立足于探索人工电磁超表面对太赫兹波的传输和调控特性，对人工电磁超表面的传输与导波性质的表现形式——人工表面等离激元（SSPPs）进行了研究探索和应用拓展，对人工电磁超表面在波束调控特性中的一个具体应用——太赫兹完美吸波器及可调器件进行了设计和分析，为人工电磁超表面在太赫兹频段的应用打下了基础。在 SSPPs 研究方面，首先研究了小型化片上 SSPPs 传输线，在此基础上进一步实现了基于 SSPPs 的滤波器件，并将 SSPPs 应用在太赫兹功率合成模块中实现了应用拓展；在太赫兹吸波器方面，首先研究了窄带完美吸波器及其传感应用，再通过将金属超表面替换为可调材料实现了对太赫兹波的动态调控。全书分为七章，具体安排如下。

第一章是绪论部分。首先，介绍了人工电磁超表面在太赫兹技术领域中的研究背景和意义。其次，总结了基于人工表面等离激元的新型传输线、各种功能器件和射频系统，以及太赫兹超表面固定吸收吸波器、可调吸收吸波器的国内外研究进展与发展趋势。再次，详细阐述了这两个方向在太赫兹波传输与调控领域所面临的问题。最后，该章明确了本书的研究目标和内容，并概述了全书的章节安排。

第二章对基于 SSPPs 的太赫兹波传输技术进行了研究。首先，对传统锯齿型 SSPPs 传输线的基本研究原理和对太赫兹波的传输方式进行了分析。其次，研究了 SSPPs 与太赫兹矩形波导的高效模式转换问题，提出了一种基于偶极子天线的模式转换结构。最后，对太赫兹新型片上传输线进行了研究。结合人工表面等离激元的色散特性和强电场束缚特性，设计了两款小型化太赫兹片上 SSPPs 传输线，并验证了它们在降低串扰方面的应用。

第三章对基于 SSPPs 的太赫兹滤波技术进行了研究。首先，重点研究了加载开口谐振环（SRR）的太赫兹带阻滤波器，并融合 SRR 与互补 SRR（CSRR）提出了一种小型化宽带带阻滤波器，在不增加 SSPPs 传输线占地面积的情况下拓展了滤波器带宽。其次，结合基片集成波导（SIW）的高通特性与 SSPPs 的天然低通特性，设计了一款太赫兹带通滤波器。最后，通过将 CSRR 的开口替换为二氧化钒，实现了对太赫兹滤波器的动态调控。

第四章对 SSPPs 在太赫兹功率合成技术中的应用展开了探索。本章对基于金属镍的 SSPPs 进行了研究，结合 SSPPs 的低通特性与镍的电磁损耗，提出了一种太赫兹平面传输抑制的方法，基于该方法设计了三款太赫兹功率合成模块。首先，提出了一种基于金属镍 SSPPs 传输线作为平面魔 T 匹配负载的功率合成技术，并采用金丝键合的方式实现了 SSPPs 传输线与太赫兹功率放大单片的结合。其次，通过改变金属镍 SSPPs 的参数结构，实现了 3 mm 波段的平面魔 T 匹配负载，设计了一款 220 GHz 二倍频合成模块，并进行了测试与结果分析。最后，将金属镍 SSPPs 直接放置在矩形波导中，提出了一种新型波导匹配负载结构，并基于该结构设计了一款波导分支线定向耦合器，最终在 3 mm 波段实现了功率合成验证。

第五章对固定吸收的太赫兹超表面吸波器展开了研究。首先，介绍了超表面完美吸波器的基本研究原理，在微波频段设计了一款具有超薄厚度的高 Q 值窄带吸波器，采用 PCB 工艺对该吸波器进行了加工制备，并实验验证了其在雷达散射面积降低方面的应用，探索了其在折射率传感中的潜在应用。其次，设计了一种"十字-圆环结构"的双频太赫兹窄带吸波器，通过半导体薄膜工艺在 BCB 衬底上制备了该吸波器样品，并通过反射式太赫兹时域光谱系统，对该样品进行了试验验证。最后，试验验证了该双频窄带吸波器在薄膜材料折射率传感方面的应用，精准区分出了 20 μm 厚的 PI 薄膜与聚二甲基硅氧烷(PDMS)薄膜。

第六章对基于可调材料的太赫兹多功能器件进行了研究。首先，设计了一款基于二氧化钒—石墨烯薄膜—TOPAs 衬底—金属反射面结构的宽带—窄带可切换的太赫兹吸波器；其次，通过将金属反射面替换为二氧化钒薄膜，还可实现吸波-透射的多功能吸波器。最后，设计了一款基于二氧化钒的可调吸波器，在石英基底上制备了该二氧化钒薄膜并刻蚀出相应的吸波图案，最终通过恒温台调控二氧化钒的电导率，实验验证了该吸波器的动态调控性能。

第七章是全书的总结和展望部分。在这一章中，将对本书的工作和创新点进行概括，并同时展望未来的研究方向。

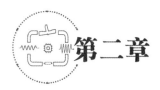

第二章

基于 SSPPs 的太赫兹波
传输技术研究

2.1 引言

　　近年来，随着摩尔定律的逐渐失效，太赫兹固态电路系统的发展从根本上受到限制。现代太赫兹系统发展的主要趋势包括小型化和高电磁兼容性，然而，在以微带线和共面波导传输线为主体的太赫兹片上系统中，这两个趋势几乎形成了相互制约的局面。太赫兹传输线的空间模式分布使得紧密排列的电路器件之间容易发生耦合，从而导致不希望的相互干扰，这会影响系统的性能和稳定性。此外，传输线的固有场模式使得其性能受到介质板材料的限制，特别是在频率升至太赫兹范围时，介质损耗变得尤为严重。为了彻底解决这个问题，需要调整空间场分布特性，改变物理底层的传输模式，使得电磁能量能够被有效地束缚在结构周围进行传输。人工表面等离激元（SSPPs）是一种具有超强场束缚和低串扰的表面波，可以直接应对系统级问题，从而避免了小型化和电磁兼容性在系统设计中难以平衡的挑战。因此，SSPPs 有望成为太赫兹集成电路进一步突破的解决方案。本章围绕太赫兹 SSPPs 传输线的实现方法，首次采用偶极子天线实现了太赫兹矩形波导对 SSPPs 的高效激励，开发了新型的小型化 SSPPs 传输电路结构，对其传输性能进行了研究，并进行了加工测试和应用验证。

2.2 SSPPs 的基本概念与特性

2.2.1 SSPPs 的基本概念

表面等离激元(Surface Plasmon Polaritons，SPPs)是一种在金属与介质界面上产生的集体激发模式，由入射波和自由电子等离子体的相互作用产生。如图2-1 所示，SPPs 束缚在金属-介质界面($y = 0$)上并沿 x 方向传播，其中，介质和金属的介电常数分别为 ε_d 和 ε_m。首先，假设 SPPs 分别以电场方向垂直于界面的横电波(TE 模)和磁场垂直于界面的横磁模(TM 模)两种不同的偏振模式传播。SPPs 的传播类型可由麦克斯韦方程组表示，对于 TE 模而言，其解析式可表示为[47]

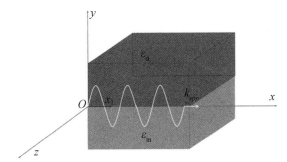

图 2-1　SPPs 的金属-介质交界面

$$y > 0 \begin{cases} E_d = (0, A, 0) \exp(ikx - k_z^d z - i\omega t) \\ H_d = A \dfrac{c}{i\omega}(k_z^d, 0, ik) \exp(ikx - k_z^d z - i\omega t) \end{cases} \tag{2-1}$$

$$y < 0 \begin{cases} E_m = (0, B, 0) \exp(ikx + k_z^m z - i\omega t) \\ H_m = B \dfrac{c}{i\omega}(-k_z^m, 0, ik) \exp(ikx + k_z^m z - i\omega t) \end{cases} \tag{2-2}$$

其中，k、c 分别代表 x 方向的波矢和真空中的光速；A、B 代表两个区域内的电场振幅，k_z^d 和 k_z^m 分别为两个区域中沿 y 轴方向的波矢。波矢和介电常数存在以下关系：

$$\begin{cases} k_z^d = \sqrt{k^2 - \varepsilon_d \left(\omega/c\right)^2} \\ k_z^m = \sqrt{k^2 - \varepsilon_m \left(\omega/c\right)^2} \end{cases} \tag{2-3}$$

根据 $y = 0$ 处的边界条件可得：

$$A = B, \quad A\frac{c}{i\omega}k_z^d = -B\frac{c}{i\omega}k_z^m \tag{2-4}$$

当波矢 k_z^d 和 k_z^m 的实部都是整数时，可以得知 $A = B = 0$。因此，在 SPPs 的传播模式中并不存在 TE 波。对于 TM 模而言，其解析可表示为

$$y > 0 \begin{cases} H_d = (0, A, 0)\exp\left(ikx - k_z^d z - i\omega t\right) \\ E_d = -A\dfrac{c}{i\omega\varepsilon_d}(k_z^d, 0, ik)\exp\left(ikx - k_z^d z - i\omega t\right) \end{cases} \tag{2-5}$$

$$y < 0 \begin{cases} H_m = (0, B, 0)\exp(ikx + k_z^m z - i\omega t) \\ E_m = -B\dfrac{c}{i\omega\varepsilon_m}(-k_z^m, 0, ik)\exp(ikx + k_z^m z - i\omega t) \end{cases} \tag{2-6}$$

同理，根据 $y = 0$ 处切向电场分量和磁场分量相等的边界条件，可得：

$$k_z^m / k_z^d = \varepsilon_m / \varepsilon_d \tag{2-7}$$

由此可得金属-介质表面的 SPPs 是以 TM 模式存在的一种表面波，其色散关系式为

$$k_{SP} = k = \frac{\omega}{c}\sqrt{\frac{\varepsilon_m \varepsilon_d}{\varepsilon_m + \varepsilon_m}} \tag{2-8}$$

由于电介质的介电常数 ε_d 随频率的变化并不明显，因此，SPPs 的色散特性主要由金属决定。金属的 ε_m 随频率的变化可用德鲁德(Drude)模型表示为

$$\varepsilon_m = 1 - \frac{\omega_p^2}{\omega^2 + i\Gamma\omega} \tag{2-9}$$

其中，ω_p 和 Γ 分别表示金属的等离子频率和衰减量。

通过整合式(2-8)和式(2-9)，可以获得 SPPs 的色散特性曲线，如图 2-2 所示。在低频段，SPPs 与光线的传播方式非常接近，但随着波矢的增加，SPPs 逐渐偏离光线并趋向于水平线。也就是说，SPPs 的波矢 k_{sp} 始终大于真空中电磁波的波矢 k_0。此外，SPPs 在传播方向上表现为"慢波"特性，而在垂直金属-介质分界面的方向上则呈现出一种凋落模式。

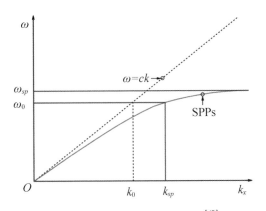

图 2-2　SPPs 的色散关系曲线[47]

人工表面等离激元(spoof surface plasmon polaritons，SSPPs)是在微波-太赫兹频段范围内模仿 SPPs 模式的一种表面波，二者具有几乎完全相同的色散特性。不同的是，SSPPs 是由人为设计的周期结构化金属导致的，其色散关系可以通过超表面的几何形状来任意定制，这使得 SSPPs 可以在频率和空间上灵活调控太赫兹波的传输。

微波-太赫兹频段范围内 SSPPs 的传输模式与光学范围内的 SPPs 具有相似的特性。SSPPs 的传播模式也是具有特定截止频率的横磁(TM)波，且其场分布垂直于分界面两侧表现为凋落模式。在实际设计中，可以通过仿真软件计算单元结构的色散曲线来判断是否为 SSPPs 模式。通常情况下，SSPPs 模式对应的色散曲线应位于光线的右侧，此外，其还需要位于 TM 模式下介质衬底对应色散曲线的右侧[33]。

基于上述对 SSPPs 基本概念的分析，接下来将对工作在太赫兹频段范围内的 SSPPs 传输线进行进一步的设计和研究。

2.2.2　锯齿型 SSPPs 的传播特性

SSPPs 作为一种色散可调控的人工表面结构，可以通过灵活设计 SSPPs 的色散曲线使其具有不同的传输性能。如图 2-3(a)所示，采用传统的金属锯齿槽结构在厚度为 50 μm 的石英衬底材料上刻蚀出了 SSPPs 的单元结构，其周期长度 $p = 200$ μm，线条宽度 $w_0 = 50$ μm，$w = 50$ μm。在 SSPPs 结构初始参数选取中，w_0 保持与标准馈电结构传输线的宽度一致，周期长度 p 与线条宽度 w 应满足加工制备工艺要求，锯齿槽深度 h 则根据所需工作频率进行参数扫描设置。采用商业电磁仿真软件的本征模仿真控件对 SSPPs 单元结构的色散特性进行了仿真，并与微带线、共面波导等传统的太赫兹平面传输线进行了对比。在色散曲线仿真过程中，首先在完成单元结构建模后将传播方向上的边界条件设置为周期性。其后，将非周期方向上的边界往外延拓宽一定距离(一般取为 10 倍周期长度)后设置为电边界或磁边界。最后，将两周期性边界条件之间的固有相移设置为参数 ϕ，并利用参数扫描功能获得不同相移状态下的模式频率。根据定义，固有相移值 ϕ 与传播方向上的传播常数 k 具有如下换算关系[33]：

$$k = \varphi \times \pi/180p \tag{2-10}$$

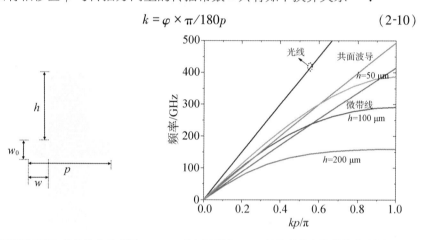

(a)矩形槽 SSPPs 单元结构示意图　　　(b)矩形槽 SSPPs 单元结构色散曲线仿真图

图 2-3　SSPPs 单元结构及色散曲线图

如图 2-3(b)所示，随着波矢的增加，SSPPs 单元结构的色散曲线缓慢偏离光线并趋于水平，渐进地接近不同的截止频率，表现出天然的低通特性。矩形槽 SSPPs 的色散特性主要由锯齿槽深度决定，随着槽深度 h 的增加，SSPPs 的截止频率逐渐降低，表现出灵活的色散调控特性。从图中可知，当槽深度 h 为 50 μm 时，SSPPs 传输线的色散曲线与微带线和共面波导均有交点。在交点左侧，SSPPs 波矢小于微带和共面波导波矢，此处 SSPPs 对电磁能量的约束不如微带线和共面波导，但传输损耗比微带线和共面波导低。传输线在该频段内呈现出低损耗的空间导波模式，而非凋落的 SSPPs 波模式。在交点右侧，SSPPs 波矢大于微带段和共面波导波矢，SSPPs 对电磁能量有更好的束缚，传输线在该频段内表现出高束缚的 SSPPs 特性，但传输损耗比微带线和共面波导大。因此，通过设计 SSPPs 的单元结构，可使传输线在一段频率范围内表现为低损耗的导波模式，而另一段频率范围内表现为高损耗的 SSPPs 模式。随着槽深度 h 逐渐增加至 200 μm，SSPPs 传输线的色散曲线始终在微带线和共面波导的右侧，SSPPs 的波矢恒大于微带线和共面波导波矢，可以认为该传输线在整个频段内均表现为 SSPPs 的高束缚特性。综上所述，SSPPs 的色散特性是可控的，设计时可以在低损耗和高束缚特性之间灵活选择。

2.2.3 传统锯齿型结构的太赫兹 SSPPs 传输线

尽管 SSPPs 具有强场束缚的优异特性，但由于微带线、矩形波导等传输模式与 SSPPs 模式之间存在固有的模式不匹配问题，传统馈电方法很难直接激发出 SSPPs 模式。因此，SSPPs 传输线的高效激励与模式转换是必须解决的首要问题。在上述金属锯齿型 SSPPs 单元结构的基础上，本节采用不规则阶梯渐变过渡结构，设计了一款太赫兹 SSPPs 传输线，大大提高了 SSPPs 的激励效率。

2.2.3.1 锯齿型 SSPPs 传输线设计

如图 2-4 所示，该传输线由三个部分组成：共面波导（CPW）、模式转换（Transition），以及周期阵列分布的 SSPPs 锯齿槽单元（SSPPs TL）。模式转换部分作为馈电结构与 SSPPs 之间的阻抗和模式匹配，其结构优化决定了整个 SSPPs 传输线的性能。传统模式转换结构主要由阶梯渐变锯齿槽结构和渐进开口接地结构组成，其模式转换单元的线条宽度和周期长度均与 SSPPs 单元的线条宽度 w 和周期长度 p 相同，仅将各转换单元的槽深度按固定步进依次递增，以实现 CPW 与 SSPPs 之间的平滑过渡[55]·[70]。如图 2-4 所示，为了增加优化变量，本书采用不规则阶梯渐变锯齿槽结构，将前两级模式转换单元的线条宽度设置为可优化变量 x_1 与 x_2，转换单元的周期长度以及后八级转换单元的线条宽度与 SSPPs 单元保持一致，分别为 p 和 w。转换单元的锯齿槽深度逐渐从 $h_1 = 20$ μm 增加至 $h = 200$ μm，固定步进为 20 μm。SSPPs 传输线部分由 7 个阵列分布的矩形槽 SSPPs 单元结构组成。基于 SSPPs 的太赫兹传输线结构尺寸参数见表 2-1 所列。

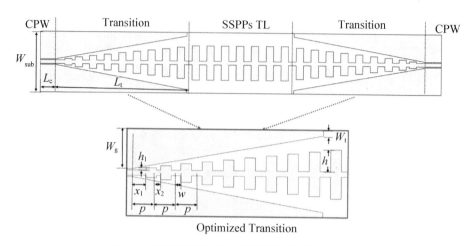

图 2-4　基于 SSPPs 的太赫兹传输线结构示意图

表 2-1　基于 SSPPs 的太赫兹传输线结构尺寸参数

参数	w_0	L_t	W_g	W_t	W_{sub}	L_c
数值/μm	50	2000	365	50	800	200
参数	h	h_1	p	x_1	x_2	w
数值/μm	200	20	200	140	80	50

　　传统 SSPPs 传输线与优化后的 SSPPs 传输线的仿真结果如图 2-5 所示。明显地，SSPPs 传输线表现出低通滤波的特性，这与锯齿槽 SSPPs 单元结构的色散特性是一致的。对比传统阶梯渐变过渡 SSPPs 传输线和优化后的采用不规则阶梯渐变过渡的 SSPPs 传输线，可以发现在整个通带范围内，优化后的 SSPPs 传输线具有更佳的传输效率，SSPPs 传输线的回波损耗和插入损耗均得到了大幅降低，且插入损耗的平坦度也得到了提升。在 100 ～ 170 GHz 频率范围内，传统的和优化后的 SSPPs 传输线的最差回波损耗分别为 8.8 dB 和 24.4 dB，可见通过增加优化变量 x_1 与 x_2，使 SSPPs 传输线的回波损耗优化了 15.6 dB。在频带内，传统 SSPPs 传输线的插入损耗在 0.7 dB 至 2.1 dB 的范围内波动，而优化后的 SSPPs 传输线的插入损耗在 0.6 dB 至 1.4 dB 的范围内平缓下降。传统的和优化的 SSPPs 传输线的平均插入损耗分别为 1.4 dB 和 1 dB，可见通过增加优化变量 x_1 与 x_2，使 SSPPs 传输线的插入损耗降低了 0.4 dB。从 S 参数对比情况可以看出，通过增加两个优化变量 x_1 与 x_2，打破了模式转换部分所采用的传统阶梯渐变过渡的固有规律性，这两个不规律的结构参数提升了 SSPPs

传输线的可优化空间，从而提升了 SSPPs 传输线的传输性能。此外，通过增加更多的可优化变量，可进一步提升 SSPPs 传输线的高效激励性能。

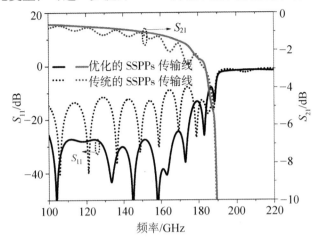

图 2-5　传统 SSPPs 传输线与优化后的 SSPPs 传输线的仿真结果

2.2.3.2　锯齿型 SSPPs 传输线的在片测试验证

为了验证上述基于 SSPPs 的太赫兹传输线的可行性，采用微纳加工工艺制备了所提出的 SSPPs 传输线，并进行了相应的实验测试。在制作过程中，首先在 0.5 mm 厚的石英衬底表面旋转涂覆光致抗蚀剂；再采用电子束蒸发法依次沉积出 Ti/Al/Ti/Au(10 nm/150 nm/10 nm/2 μm) 金属薄膜，紧接着采用剥离工艺形成所需要的金属图形，即实现图形金属化；再次，通过减薄工艺，将石英衬底厚度减薄至 50 μm；最后划片得到所设计的器件芯片。如图 2-6(a)所示为 SSPPs 传输线在高分辨率电子显微镜下的照片。如图 2-6(b)所示，主要的测试设备为 Agilent N5247A 矢量网络分析仪，并配置 110~170 GHz 的扩频模块将可测量频率范围提升至亚太赫兹频段，再利用在片测试 GSG 探针(Cascade)连接 SSPPs 传输线的输入端与输出端。由于是将 GSG 探针直接扎在 SSPPs 传输线中 CPW 对应的 GSG pad 上，因此在测试中无须进行去嵌操作。由于实验设备的限制，在实验中仅测试了 110~170 GHz 频段下 SSPPs 器件的传输情况。在测试中，为了消除扩频模块的误差，基于 line-reflect-reflect-match(LRRM)校准对太赫兹在片测试系统进行了搭建，校准件使用的是 Cascade 公司的陶瓷(氧化铝)基板商用校准片，其中开路校准件是通过将测试探针抬起，使之悬空来实现的。校准后测得的传输性能即为 GSG 探针两端之间器件的传输性能。

（a）实物图

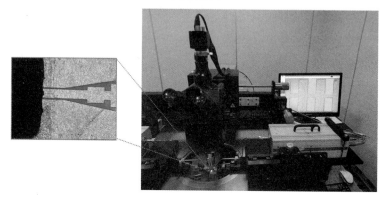

（b）测试环境

图 2-6　基于 SSPPs 的太赫兹传输线实物图及实测环境

　　所提出的太赫兹 SSPPs 传输线的测试结果与仿真结果对比图如图 2-7 所示。在 110～170 GHz 频率范围内，SSPPs 传输线的插入损耗优于 2.7 dB，即优于 0.5 dB/mm，回波损耗优于 10 dB。SSPPs 传输线的实验结果与仿真结果具有较好的吻合度，验证了该设计的可行性。S_{11} 测试结果相较于仿真结果存在一定的性能恶化，这主要是由微纳加工工艺误差、探针台在片测试接触不良等因素造成的。

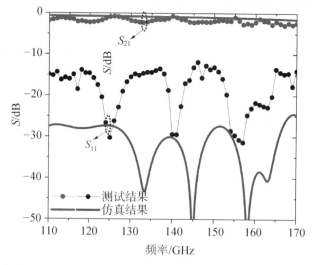

图 2-7　太赫兹 SSPPs 传输线测试结果（Symbol 线）与仿真结果（实线）对比图

2.3 基于偶极子天线的波导-片上传输线模式转换

矩形波导（rectangular waveguide，RWG）以其优异的功率容量和低插入损耗特性，已被作为太赫兹模块和系统的标准传输和互连手段[178]-[195]。因此，如何采用矩形波导激励起 SSPPs 平面传输模式是极其重要的，这可为 SSPPs 传输线在太赫兹模块中的实际应用打下坚实的根基。

2.3.1 基于偶极子天线的小型化 RWG-SSPPs 模式转换

目前，对矩形波导与 SSPPs 传输线之间的模式转换的报道相对较少，且大多采用的是传统的阶梯波导脊线或梯度沟槽直接连接矩形波导和 SSPPs 传输线（如图 2-8 所示），这种过渡结构在太赫兹频段的尺寸是十分巨大和复杂的，且难以制备和实际工程应用[57],[195]。

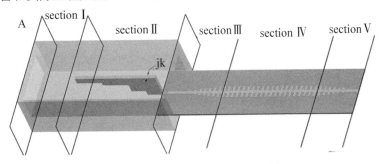

（a）阶梯波导脊线和梯度沟槽结构[57]

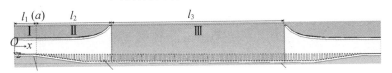

（b）开口矩形波导和梯度沟槽柱结构[195]

图 2-8　传统 RWG-SSPPs 传输线过渡结构示意图

2.3.1.1　小型化 RWG-SSPPs 模式转换设计

为此，本书首次引入片上集成天线过渡思想来实现矩形波导与 SSPPs 之间的模式转换。如图 2-9 所示为基于偶极子天线过渡结构的 SSPPs 传输线示意图，在介电常数 $\varepsilon_r = 3.78$、厚度为 50 μm 的石英基底上蚀刻出相应的 SSPPs 和偶极子天线结构。整体的背对背结构由偶极子天线、锥形结构、双面 SSPPs 和 SSPPs 传输线四个部分组成。SSPPs 传输线的顶层与双面 SSPPs 的顶层相同，底层为放置在矩形波导凸台的金属背地。由于 SSPPs 传输线的传播模式为 TM 波，不能直接由偶极子天线的谐振模式实现馈电。因此，在 SSPPs 传输线和偶极子天线之间采用锥形结构和双面 SSPPs 来实现阻抗和模式匹配。传输线及过渡结构的尺寸参数见表 2-2 所列。

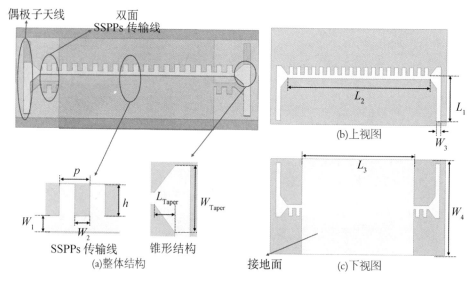

图 2-9　基于偶极子天线过渡结构的 SSPPs 传输线示意图

表 2-2　传输线及过渡结构的尺寸参数

参数	W_1	W_2	W_3	W_4	L_1	L_2	L_3	p	h
数值/μm	20	20	25	500	240	760	600	40	40

基于偶极子天线过渡结构的 RWG-SSPPs 传输线模式转换结构示意图如图 2-10 所示。为了实现矩形波导和偶极子天线之间的能量耦合，将 WR-4 标准矩形波导通过 E 面中心分为上金属波导腔体和下金属波导腔体用以容纳石英基片。石英基片放置在下腔体的凸台上，使 SSPPs 传输线的背地与凸台紧密贴合。进而，背地和凸台可以作为偶极子天线辐射单元的反射器，也可以作为矩形波导模式的短路面。为了实现高效率的能量耦合，偶极子天线的中心应与波

导 TE$_{10}$ 模式的最大电场处对齐。此外，在仿真中，如图 2-10 所示，在矩形波导的馈电面和接收面分别设置两个波端口 Wave Port，用以计算整个模式转换结构的 S 参数。

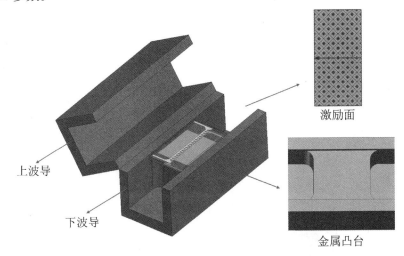

激励面

上波导

下波导

金属凸台

图 2-10　基于偶极子天线过渡结构的 RWG-SSPPs 传输线模式转换结构示意图

首先，对 SSPPs 单元结构的色散特性进行了仿真分析。SSPPs 单元结构为传统的锯齿槽结构，如图 2-9 所示，锯齿槽的周期长度、槽宽度和锯齿深度分别用 p、W_2 和 h 表示。如图 2-11(a)所示，双面 SSPPs 和 SSPPs 传输线的色散曲线重叠，且均偏离光线最终趋近于截止频率 0.9 THz。通过前面锯齿槽 SSPPs 传输线的分析可知，通过改变锯齿深度 h 可灵活调控色散曲线的截止频率，从而满足不同的应用环境。

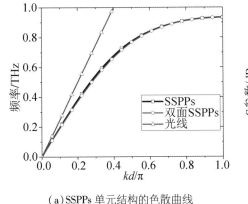

（a）SSPPs 单元结构的色散曲线

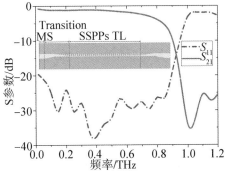

（b）由微带线馈电的 SSPPs 传输线的 S 参数

图 2-11　SSPPs 传输线仿真分析

　　基于上述 SSPPs 传输线单元结构的色散特性，设计并仿真了一个由微带线馈电的 SSPPs 传输线，验证了其在非波导的开放环境下的天然低通滤波特性。如图 2-11(b)所示，SSPPs 传输线由尺寸为 100 μm 的传统 50 Ω 特性阻抗微带线(MS)馈电。由于 MS 和 SSPPs 传输线之间的阻抗和模式不匹配，需要通过周期阵列分布的阶梯渐变单元实现二者之间的过渡。仿真结果表明，SSPPs 传输线的传输特性与其单元结构的色散曲线一致：具有截止频率约为 0.9 THz 的天然低通滤波特性。此外，分别仿真了在通带内和通带外两个不同频率点处的电场分布，如图 2-12 所示，TM 波在 220 GHz 时可以有效地通过 SSPPs 传输线，但在 1 000 GHz 时呈快速凋落状态。

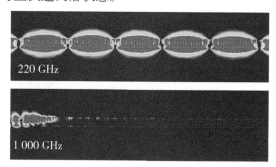

图 2-12　由微带线馈电的 SSPPs 传输线的电场分布

　　接下来，将详细分析基于偶极子天线的 RWG-SSPPs 传输线模式转换的性能。为了揭示不同过渡结构对波导能量捕获的影响，仿真对比了四种不同结构下的回波损耗：无锥形过渡结构、无双面 SSPPs 过渡结构、无偶极子天线过渡结构、以及完整的偶极子天线过渡结构。如图 2-13 所示，当缺少偶极子天线时，矩形波导的导波能量将被完全反射，无法被平面传输线结构捕获。通过添加锥形和双面 SSPPs 结构，可以提升 RWG-SSPPs 传输线过渡的带宽，同时显著改善回波损耗，从而获得更优的模式转换性能。这是由于锥形结构可为偶极子天线和双面 SSPPs 之间提供良好的阻抗匹配和模式渐变过渡。另外，双面SSPPs 不仅可以为偶极子天线提供接地端，还可以与 SSPPs 传输线之间实现无损转换。将这些结构组合在一起形成完整的偶极子天线过渡结构，可以充分利用锥形结构和双面SSPPs 结构的性能优势，提高波导能量的耦合效率，从而提升模式转换的性能。

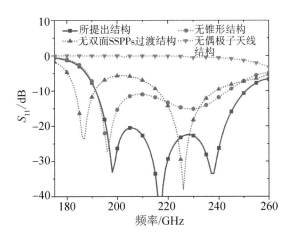

图 2-13　不同过渡结构下 RWG-SSPPs 传输线的回波损耗对比图

如图 2-14 所示，进一步分析了不同结构尺寸对过渡结构性能的影响。在初始设计中，偶极子天线的长度值设置为工作中心频点 220 GHz 处的二分之一波长，距离短路面的距离设置为四分之一波长。然后，采用全波仿真软件进行参数扫描和优化，使工作带宽最大化。如图 2-14(a)所示为不同偶极子天线长度 L_1 下的回波损耗，仿真结果表明，随着 L_1 的增大，过渡结构的工作频率范围呈逐渐降低的趋势，这是与偶极子天线的工作原理相对应的，即工作频率与偶极子天线长度成反比。不同锥形结构长度 L_{Tpaer} 下的 S_{11} 如图 2-14(b)所示，可以明显看出它对过渡效率的影响很大。随着 L_{Tpaer} 的增加，低频范围的 S_{11} 逐渐下降，而高频范围的回波损耗趋于恶化。通过选择适当的 L_{Tpaer}，例如当 $L_{Tpaer} =$ 35 μm 时，该结构在 195 GHz 到 250 GHz 频率范围内具有优异的模式转换效率。

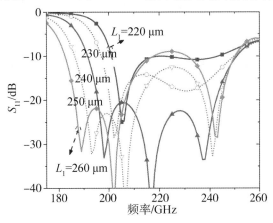

(a)不同偶极子天线长度 L_1

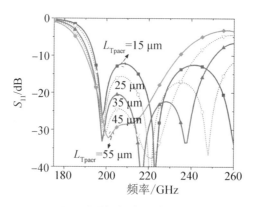

（b）不同锥形结构长度 L_{Taper}

图 2-14　不同参数下过渡结构的 S_{11}

为了清晰观测所提出的偶极子天线过渡结构的性能，对 220 GHz 时矩形波导的 H 面和 E 面中心与石英衬底接触面的电场分布进行了仿真。仿真结果如图 2-15 所示，输入的矩形波导能量与偶极子天线之间发生了强烈的耦合，并逐渐传播到阻抗和模式匹配截面，即锥形和双面 SSPPs 结构。随后，能量平稳地过渡到 SSPPs 传输线中。根据这一仿真结果，可以清楚地看到偶极子天线过渡结构在 RWG-SSPPs 传输线模式转换中的重要作用。它实现了有效的能量耦合和平滑的模式转换，确保了高效的信号传输和能量利用。这种过渡结构的设计对于实现 SSPPs 传输线的高性能波导封装技术是至关重要的。

（a）侧视图　　　　　　　　　　　　　　　（b）上视图

图 2-15　220 GHz 时 RWG-SSPPs 传输线过渡结构的电场分布图

2.3.1.2　RWG-SSPPs 传输线模式转换的实验验证

如图 2-16 所示为 RWG-SSPPs 传输线模式转换结构的实物图以及内部照片。矩形波导分别由上波导金属块和下波导金属块两个零件加工而成，金属波导为镀金铜材料。在装配过程中，偶极子天线必须与矩形波导 H 面中心对齐，再通过销钉定位上下两个波导金属块，最后由螺钉固定并组装。测量时，将 170 ~ 260 GHz 扩频模块连接至 Rohde&Schwarz ZVA67 矢量网络分析仪（VNA）的端口，通过校准件校准后再连接至待测矩形波导的法兰。测试结果如图 2-17（a）所示。

在195~250 GHz 的频率范围内，背对背过渡结构的插入损耗小于2 dB，回波损耗优于10 dB，具有良好的传输性能。这意味着单边偶极子天线过渡结构的插入损耗优于1 dB，并验证了矩形波导与SSPPs 传输线之间的高效模式转换（优于80%）。由于装配过程中的对准误差和波导制造过程中的加工误差，实际损耗比仿真结果要大。S 参数的波动可能是由测量仪器本身引起的。此外，如图2-17(b)所示，进一步分析了金属表面粗糙度对S 参数性能的影响。结果表明，回波损耗受金属表面粗糙度的影响较小，只有轻微和可接受的波动。然而，金属表面粗糙度对插入损耗有较大的影响。随着金属表面粗糙度R_a 从0 逐渐增大到0.5 μm，插入损耗从0.6 dB 逐渐恶化至1.2 dB，损耗提升了一倍。因此，在实际加工中应特别注意对金属表面粗糙度的控制，以获得优良的传输性能。

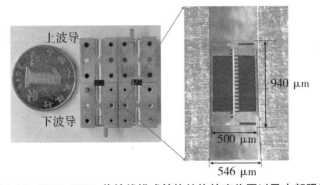

图2-16 RWG-SSPPs 传输线模式转换结构的实物图以及内部照片

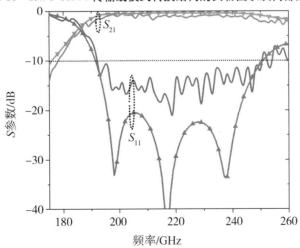

(a)测试结果(实线)与仿真结果(Symbol 线)对比图

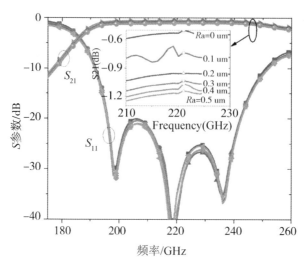

(b)不同金属表面粗糙度下的仿真 S 参数

图 2-17 RWG-SSPPs 传输线模式转换结构的测试结果及金属表面粗糙度对性能的影响分析

为了验证所提出的基于偶极天线的矩形 RWG-SSPPs 传输线模式转换结构的优越性能，将其与其他工作进行了比较。由于在太赫兹频段尚没有类似结构的报道，对比文献都工作于微波频段，详见表 2-3。文献[194]和[195]采用开口矩形波导和阶梯渐变 SSPPs 实现了矩形波导与三维 SSPPs 传输线之间的平滑过渡。文献[57]采用波导脊线有效地将矩形波导中的 TE$_{10}$ 模式转换为微带线中的准 TEM 模式，然后再利用阶梯渐变锯齿槽结构将其转换为二维的 SSPPs 模式。然而，上述大部分的过渡结构都应用于微波范围内，当工作频率上升到毫米波和太赫兹波范围时，阶梯脊线和波导开口结构的加工和组装将变得更加困难，这很可能会恶化过渡的性能。此外，这种阶梯脊线和波导开口过渡结构占据了大量的空间，这对实现小型化系统而言是十分不利的。相比之下，本书提出的基于偶极子天线的过渡结构极大地减少了空间占用，克服了加工和装配上的困难，并且其设计可以适用于矩形波导到 SSPPs 传输线过渡的各种频率范围。这种结构的提出为高频段的 RWG-SSPPs 传输线模式转换提供了一种更为便捷和有效的方法，且为 SSPPs 传输线在太赫兹模块中的实际应用奠定了坚实的基础。

表 2-3 RWG-SSPPs 传输线模式转换结构(背靠背)性能对比

文献	频率/GHz	S_{21}/dB	S_{11}/dB	过渡类型	过渡面积 λ_0/mm
[57]	12 – 17.9	– 3.5	– 10	波导脊线和阶梯渐变 SSPPs	1.26 × 0.66 × 1 + 0.8 × 0.11

续表

文献	频率/GHz	S_{21}/dB	S_{11}/dB	过渡类型	过渡面积 λ_0/mm
[**194**]	9.5 – 11.5	− 0.6	− 10	开口矩形波导和阶梯渐变 SSPPs	2.5 × 1 × 0.76
[**195**]	7 – 12.3	− 3	− 10	开口矩形波导和阶梯渐变 SSPPs	2.5 × 0.27 × 0.33
本研究	195-250	-2	-10	偶极子天线	0.1 × 0.34

2.3.2 基于"触须式"偶极子天线的宽带 RWG-GCPW 模式转换

在实现了基于偶极子天线的 RWG-SSPPs 传输线模式转换的基础上，本小节进一步拓展了该思想在太赫兹单片集成电路(TMICs)电路中的应用，提出了一种宽带的波导(RWG)-接地共面波导(GCPW)模式转换方法。

2.3.2.1 "触须式"偶极子天线过渡结构设计

目前，GCPW 是传统太赫兹单片集成电路的首选传输线，如何实现宽带高效的 RWG-GCPW 模式转换也是极其重要的。传统的基于偶极子天线的矩形波导封装技术，即波导与 GCPW 之间的模式转换设计，其技术结构示意图如图 2-18 所示，整体结构包括矩形波导上下腔体、GCPW 主传输线以及偶极子天线过渡部分。考虑到大宽度 TMICs 芯片的实际工艺和电路尺寸，在设计中，选择 InP 衬底厚度为 50 μm，整体宽度 $W_{substrat e}$ 为 970 μm。矩形波导为 WR-4 波导，标准尺寸 $b \times a$ 为 546 μm×1 092 μm，波导从 E 面中心剖分为上波导腔体和下波导腔体，并设置波导腔体狭缝区域高度 H_{slit} 为 100 μm，用以容纳 TMICs 芯片。

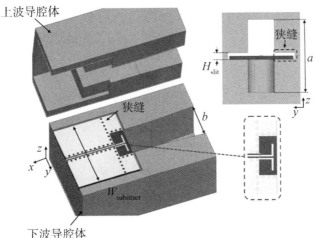

图 2-18 传统的基于偶极子天线的矩形波导封装技术结构示意图

本节提出的"触须式"偶极子天线过渡结构示意图如图 2-19 所示。该天线过渡结构由传统片上集成偶极子天线(Conventional dipole)、耦合枝节(Coupling branches)、圆盘(Disks)三部分组成。各结构尺寸如图中绘出,单位为 μm。在仿真过程中,通过精心设计耦合枝节 L_{cb} 的长度,可在传统片上集成偶极子天线的固有谐振点附近激起另一个谐振点,两谐振点叠加并可实现宽带特性。如图 2-20 所示,分别对比了只有偶极子天线、带有耦合枝节的偶极子天线和带有耦合枝节和圆盘的"触须式"偶极子天线的仿真回波损耗。由图 2-20 可知,只有常规偶极子天线时,RWG-GCPW 过渡结构的工作带宽较窄,仅在 180 ~ 210 GHz 频率范围内的回波损耗优于 20 dB,这是由偶极子天线固有的半波长工作特性导致的。然而,通过添加耦合枝节,可以在原有的 190 GHz 谐振点的基础上激发出另一个位于 230 GHz 频点处的谐振点,两谐振点相互叠加,在 180 ~ 240 GHz 频率范围内实现了回波损耗优于 20 dB。进一步地,通过在谐振枝节的末端添加金属圆盘,可以增加偶极子天线与波导能量之间的接触面积,在保持宽带过渡性能的同时改善回波损耗,从而使得该过渡结构可以满足整个 WR-4 标准波导的工作频带,即 170 GHz 至 260 GHz。

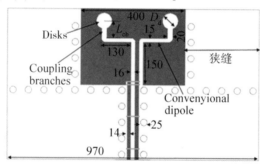

图 2-19 "触须式"偶极子天线过渡结构示意图

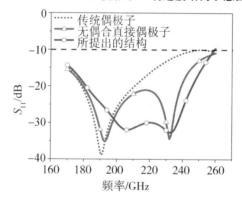

图 2-20 "触须式"偶极子天线过渡结构仿真结果图

如图2-21所示，对不同耦合枝节长度 L_c 和圆盘直径 D_d 下的回波损耗进行分析。随着耦合枝节长度 L_c 的增加，耦合枝节所产生的谐振频率逐渐从250 GHz下降至200 GHz，而偶极子天线原本的谐振频点基本固定。因此，合理选择 L_c 尺寸，当 L_c = 80 μm 时，可以实现双频叠加响应，从而提高带宽。同时，在一定范围内增大圆盘直径 D_d，可以进一步优化回波损耗，当圆盘直径 D_d 为 40 μm 时，具有最优的过渡效率。

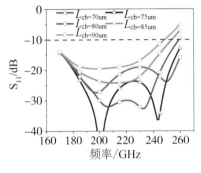 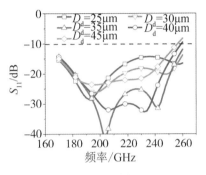

(a)不同耦合枝节长度 L_c (b)不同圆盘直径 D_d

图2-21 "触须式"偶极子天线过渡结构的参数影响分析

最后，在上述"触须式"偶极子天线过渡结构的基础上，搭建了一个完整的背靠背 RWG-GCPW 过渡结构，其中，GCPW 的整体长度为 2.65 mm。如图2-22所示，采用渐变波导结构（Graded-index waveguide）来减小标准矩形波导的窄边宽度，以匹配"触须式"偶极子天线的宽度。在 GCPW 主传输线的顶部，将上腔体挖深一定尺寸形成一与 TIMCs 宽度匹配的凹陷（Indentation on the top waveguide）。在实际的 TMICs 应用中，可在凹陷的一侧壁开槽用以放置偏置电路和引线键合。此外，也可在凹陷处粘贴吸波材料用以防止功率放大芯片等高功率 TMICs 的自激。

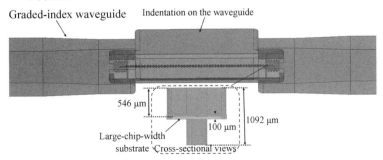

图2-22 基于"触须式"偶极子天线的 RWG-GCPW 过渡背靠背结构示意图

2.3.2.2 RWG-GCPW 模式转换的实验验证

为了验证该"触须式"偶极子天线过渡结构的模式转换性能，采用 InP 半导体工艺制备了 GCPW 芯片。如图 2-23 所示，芯片总长度为 3 200 μm，宽度为 970 μm，厚度为 50 μm，其中，除了"触须式"偶极子天线过渡结构外的 GCPW 总线长为 2 650 μm。

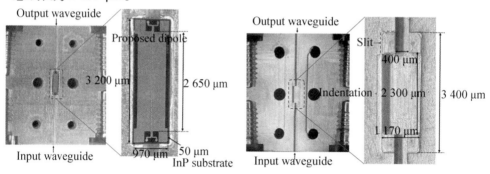

（a）下金属腔体及 InP 芯片图   （b）上腔体实物图

图 2-23　基于"触须式"偶极子天线的 RWG-GCPW 过渡背靠背结构实物加工图

如图 2-24（a）所示为过渡结构的实测和仿真结果对比图。在 170 ~ 250 GHz 的宽带频率范围内，该过渡结构表现出平坦的传输损耗和较小的回波损耗。由于装配过程中的对准误差和波导制造过程中的加工误差，实际损耗比仿真损耗要大。仿真结果表明，随着偶极子天线与波导中心对准误差的增大，RWG-GCPW 过渡的性能将逐渐恶化，当偶极子天线偏移波导中心大于 50 μm 时，过渡带宽将明显降低。此外，太赫兹器件工作在高频段，太赫兹金属波导的机械加工制造对金属表面粗糙度有很高的要求，特别是在 250 GHz 附近，表面粗糙度会影响过渡的性能。

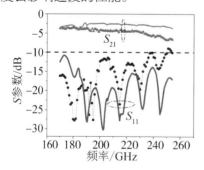

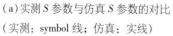

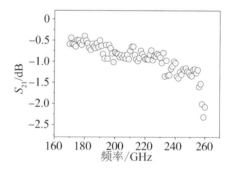

（a）实测 S 参数与仿真 S 参数的对比　　　　（b）扣除 GCPW 损耗后的单边过渡实测损耗

（实测：symbol 线；仿真：实线）

图 2-24　基于"触须式"偶极子天线的 RWG-GCPW 过渡背靠背结构测试结果

通过减去 GCPW 传输线的在片测试损耗结果，可计算出该过渡结构的单边损耗。在工作频率范围内，GCPW 传输线的插入损耗约为 1.1 dB/mm，即在本背靠背 InP 芯片中，2.65 mm GCPW 的插入损耗约为 2.9 dB。计算结果表明，如图 2-24(b)所示，基于"触须式"偶极子天线的 RWG-GCPW 模式转换结构的工作带宽可达 80 GHz，即 170～250 GHz。插入损耗为 1 dB，带内波动小于 ±0.5 dB，回波损耗优于 10 dB。

为了展示所提出的 RWG-GCPW 模式转换结构的出色性能，见表 2-4 所列，将其与其他太赫兹集成天线过渡结构进行了对比。相比之下，在保证优异模式转换效率的基础上，本书提出的"触须式"偶极子天线过渡结构实现了高达 38.1% 的相对带宽，成功实现了宽带 RWG-GCPW 模式转换，优于其他相关报道。

表 2-4　太赫兹集成天线过渡结构性能对比

文献	频率/GHz	S_{21}/dB	S_{11}/dB	相对带宽/%	传输线	天线类型	基片
[186]	340～380	−1	−10	11.1	GCPW	偶极子	InP
[187]	185～225	−1.2	−8	19.5	GCPW	双偶极子	InP
[188]	285～309	−1.5	−10	8.1	GCPW	偶极子	InP
[189]	260～320	−1	−10	20.7	GCPW	边角偶极子	—
[190]	234～314	−0.8	−13.7	29.2	MS	引向器型偶极子	Quartz
本书	170～250	−1	−10	38.1	GCPW	"触须式"偶极子	InP

2.4　基于 InP 工艺的折叠型小型化 SSPPs 传输线

以上工作实现了矩形波导对 SSPPs 传输线的高效激励，解决了 SSPPs 传输线在太赫兹模块和系统应用中的根本问题。接下来，将针对 SSPPs 在小型化太赫兹单片集成电路(TMICs)中的应用进行进一步的研究和探讨。

SSPPs 的突出优势是其色散特性及束缚电磁场的能力由结构的几何参量来决定,对于上述锯齿型结构,锯齿槽深度决定了 SSPPs 传输线的色散特性及电磁场的束缚能力:锯齿深度越深,SSPPs 传输线对场的束缚能力越强,传输截止频率越低,线间串扰越低。因此,为了提高传输线的场束缚能力以实现低串扰特性,需要增加锯齿的深度。而锯齿深度的增加必定带来传输线占用面积的增加,这又与实现器件小型化的目标相矛盾。为了解决这一问题,本书设计了一款将平面锯齿弯折以尽可能降低锯齿等效长度的小型化折叠型 SSPPs 结构。

首先,介绍本书采用的 InP 工艺。InP 技术具有带隙宽、导热系数高、电子饱和率高等特点,此外它还具有优异的高频和功率性能,非常适用于太赫兹单片集成电路设计。本书采用的 InP 技术的工艺分层示意图如图 2-25 所示,所有电路结构均设计在一个由金属化通孔互连的三层金属薄膜上,整个金属薄膜生长在 50 μm 至 100 μm 厚的 InP 衬底上,InP 介电常数为 12.6。顶层金属 Metal 3 和中间层金属 Metal 2(厚度分别为 2 μm 和 0.5 μm)作为太赫兹信号传输层,厚度为 0.4 μm 的底层金属 Metal 1 作为接地层,金属电导率为 4.1×10^7 S/m。采用两层相对介电常数为 2.65、损耗角正切为 0.01 的苯并环丁烯(BCB)材料对金属层进行分离,BCB 层厚度分别为 1.4 μm 和 2 μm。在本设计中,将具有大电流能力的顶层金属 Metal 3 作为信号传输层,中间层金属 Metal 2 和金属-绝缘-金属(MIM)SiN 电容器没有使用。

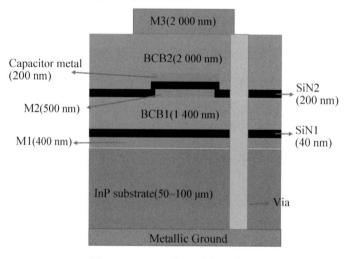

图 2-25　InP 工艺层分布示意图

2.4.1 单元结构设计与色散特性分析

在 InP 工艺的顶层金属 Metal 3 上刻蚀出 SSPPs 的单元结构。如图 2-26(a)与图 2-26(b)所示分别为传统的金属锯齿槽 SSPPs 结构和本书所提出的金属折叠型 SSPPs 结构。其中，锯齿槽深度 $h = 84~\mu m$，周期长度 $p = 64~\mu m$，折叠线长度 $L = 16~\mu m$，线条宽度 $w_0 = 8~\mu m$、$w = 6~\mu m$。采用商业电磁仿真软件的本征模仿真控件对 SSPPs 单元结构的色散特性进行仿真。如图 2-26(c)所示，随着波矢的增加，两种 SSPPs 单元结构的色散曲线均缓慢偏离光线并趋于水平，渐近地接近相同的截止频率，表现出与天然 SPPs 相同的特性，即具有低通特性的慢波。明显地，在相近的渐近频率下，锯齿槽 SSPPs 单元结构的占地面积为 $168~\mu m \times 64~\mu m$，而折叠型 SSPPs 单元结构的占地面积仅为 $72~\mu m \times 64~\mu m$，尺寸缩小了 57.2%。这是由于 SSPPs 的色散特性主要是由其槽深度决定的，槽深度越深，SSPPs 的渐近频率就越低，对场的束缚能力越强，线间串扰更低。因此，采用折叠型 SSPPs 结构，增加了其等效矩形槽深度，从而降低了占地面积，实现了 SSPPs 传输线的小型化。

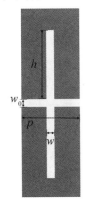

(a)传统锯齿槽 SSPPs 单元结构示意图

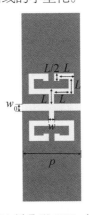

(b)折叠型 SSPPs 单元结构示意图

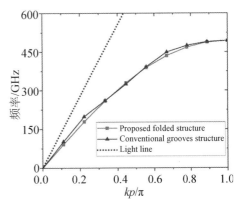

(c)锯齿槽 SSPPs 与折叠型 SSPPs 单元结构的色散曲线仿真对比图

图 2-26　SSPPs 单元结构及色散曲线

此外，对折叠线长度 L 和周期尺寸 p 与 SSPPs 色散特性之间的关系进行了分析。如图 2-27 所示，随着折叠线长度 L 逐渐从 $12~\mu m$ 增加至 $20~\mu m$，SSPPs 的截止频率逐渐从 700 GHz 降低至 370 GHz；随着周期长度 p 逐渐从 $55~\mu m$ 增加至 75 μm，SSPPs 的截止频率逐渐从 512 GHz 降低至 461 GHz，且截止频率越低则表现出更强的场束缚能力。因此，通过改变折叠线的长度 L 和周期长度 p 可实现对折叠型 SSPPs 色散特性的灵活调控。明显地，SSPPs 的周期尺寸对其色散特性的影响较小，折叠线的长度（等效锯齿槽深度）是调整 SSPPs 色散特性的重要手段，长度增加，色散曲线的渐进频率相应降低。

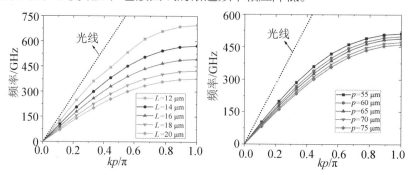

图 2-27　折叠型 SSPPs 单元结构的色散曲线与折叠线长度 L（左）和周期 p（右）的关系

2.4.2　折叠型 SSPPs 传输线设计

在上述对 InP 半导体工艺布局和折叠型 SSPPs 单元结构色散特性分析的基础上，本书对该小型化折叠型太赫兹 SSPPs 片上传输线进行了设计。如图 2-28 所示，该传输线由三个部分组成：接地共面波导（GCPW）、模式转换（Transition），以及周期阵列分布的 SSPPs 单元结构（SSPPs TL）。GCPW 作为 SSPPs 的馈电结构，其特征阻抗为 50 Ω，线宽与矩形槽 SSPPs 线宽 W_0 一致，缝隙宽度 $g = 6$ μm，长度 $L_g = 64$ μm。其中，GCPW 的接地是通过矩形金属化通孔连接顶层金属 Metal 3 与底层金属地 Metal 1 实现的。为高效率地激励起 SSPPs 的工作模式，需对模式转换部分进行精心设计，以实现 GCPW 与 SSPPs TL 之间的阻抗与模式匹配。图 2-28 中 Transition 部分所示，本书设计的转换单元采用阶梯渐变的折叠 SSPPs 单元结构和渐进开口的结构组成，其单元周期与折叠型 SSPPs TL 的周期 p 相同，纵向和横向上的折叠线长度分别逐渐从 0 增加至 L，步进固定为 $L/2$。整个模式转换部分由 10 个阶梯渐变的单元组成，整体长度为 $L_t = 640$ μm。SSPPs 传输线部分由 9 个阵列分布的如图 2-28 所示的折叠型 SSPPs 单元结构组成，整体长度为 $L_s = 576$ μm。

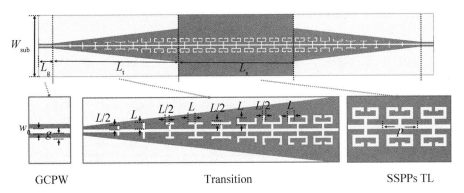

图 2-28　基于折叠型 SSPPs 的太赫兹片上传输线结构示意图

如图 2-29（a）所示，在相同的工艺、GCPW 以及阶梯渐变模式转换方式（Transition）的基础上，对传统的矩形槽 SSPPs 传输线进行了设计。Transition 部分采用阶梯渐变的矩形槽 SSPPs 单元结构，其周期为 p，槽深度逐渐从 0 增加至 h，固定步进为 $h/10$。如图 2-29（b）所示，在相同馈电方式的基础上对 SSPPs 主传输线部分进行了比较：矩形槽 SSPPs 与折叠型 SSPPs 的主传输线均为 9 个阵列分布的周期单元结构，具有相同的长度；其中，矩形槽 SSPPs 的宽度为 168 μm，折叠型 SSPPs 的宽度为 72 μm，即折叠型 SSPPs 的总占地面积较矩形槽 SSPPs 缩小了 57.2%。

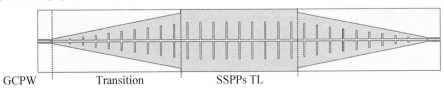

（a）矩形槽 SSPPs 传输线结构示意图

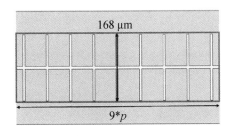 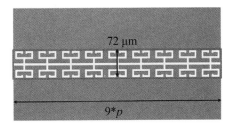

（b）锯齿槽 SSPPs 与折叠型 SSPPs 结构对比图

图 2-29　锯齿槽 SSPPs 传输线与折叠型 SSPPs 传输线的结构对比图

通过有限积分法仿真软件，研究了所提出的折叠型 SSPPs 传输线的 S 参数，主要包括插入损耗和回波损耗。在仿真中，通过指定的激励波导端口将太赫兹信号直接馈入 GCPW 中，并在除背地面以外的所有方向上应用开放边界来模拟真实测试空间环境。矩形槽 SSPPs 传输线与折叠型 SSPPs 传输线的仿真结果如图 2-30 所示，SSPPs 传输线表现出与其色散特性一致的低通滤波特性。其中，矩形槽 SSPPs 传输线与折叠型 SSPPs 传输线具有相同的输出功率 S_{21}，以及相似的 S_{11} 条件，验证了在相同的传输条件下，折叠型 SSPPs 的尺寸缩小特性。

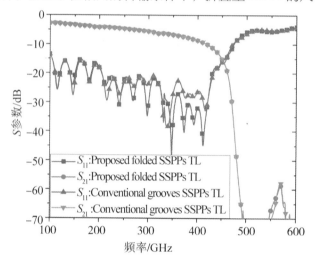

图 2-30　基于折叠型 SSPPs 的太赫兹片上传输线仿真结果

为了进一步分析太赫兹波在 SSPPs 中的传播特性，对通带内 200 GHz 和阻带内 500 GHz 时的电场分布情况进行了仿真。如图 2-31 所示，200 GHz 时的电场在整个结构中不会被截止，通过 GCPW 馈电的太赫兹信号经过模式转换部分后，被平滑过渡至 SSPPs 传输线，最后再经过模式转换部分过渡至 GCPW 并将太赫兹信号输出；而 500 GHz 时的电场在整个结构中衰减较大，当传输至 SSPPs 传输线部分时则被完全截止。通过对电场分布情况的分析，进一步验证了 SSPPs 的固有高频截止特性。

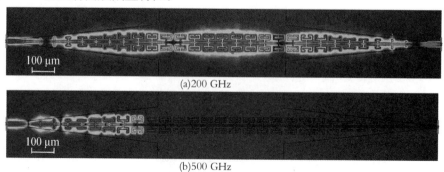

图 2-31　基于折叠型 SSPPs 的太赫兹片上传输线电场分布图

2.4.3 折叠型 SSPPs 传输线的在片测试验证

为验证上述基于折叠型 SSPPs 的太赫兹小型化片上传输线的可行性，采用 InP 工艺制备了所提出的 SSPPs 传输线，并进行了相应的实验测试。图 2-32(a) 至图 2-32(c)分别为 SSPPs 传输线的太赫兹在片测试环境图、在片测试 GSG 探针图以及 SSPPs 传输线实物图。采用太赫兹矢量网络分析仪对该折叠型 SSPPs 传输线进行了测试，测试步骤及细节如上节所述。

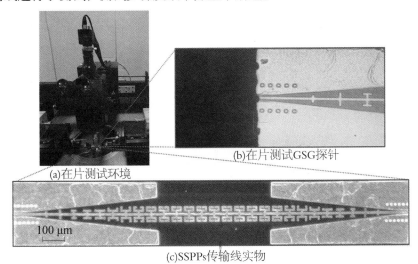

(a)在片测试环境　　(b)在片测试GSG探针

(c)SSPPs传输线实物

图 2-32　基于折叠型 SSPPs 的太赫兹片上传输线测试实物图

所提出的太赫兹片上折叠型 SSPPs 传输线的测试结果与仿真结果对比图如图 2-33 所示，其中仿真的 S_{21} 和 S_{11} 由实线表示，实测的 S_{21} 和 S_{11} 由 Symbol 线表示。在 110 ~ 170 GHz 频率范围内，SSPPs 传输线的实测插入损耗小于 6 dB，即小于 3 dB/mm，回波损耗优于 12.5 dB。SSPPs 传输线的仿真插入损耗小于 3.7 dB，即小于 1.85 dB/mm，回波损耗优于 15 dB。实验结果与仿真结果具有较好的吻合度，验证了该设计的可行性。测试结果相较于仿真结果存在一定的性能恶化，这主要是由 InP 加工工艺误差、探针台在片测试接触不良、材料参数仿真不准确等因素造成的。实验数据中有一定的振荡，这是由矢量网络分析仪自身信号频率的波动和在片测试接触不良引起的。

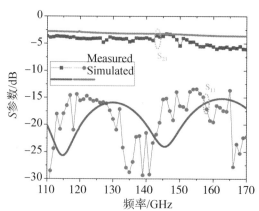

图 2-33　所提出的太赫兹片上折叠型 SSPPs 传输线的测试结果（Symbol 线）
与仿真结果（实线）对比图

2.5　基于 InP 工艺的内嵌型小型化 SSPPs 传输线及低串扰特性

2.5.1　基于 InP 工艺的内嵌型小型化 SSPPs 传输线

通过上述将平面锯齿弯折以实现折叠型结构的 SSPPs 能起到一定的小型化效果，但相较于传统传输线，特别是基于 Ⅲ-Ⅴ 族半导体工艺的微带传输线来说，SSPPs 传输线的占用面积仍然过大。对 SSPPs 传输线这种新型的优异传输线而言，这在完全取代传统传输线实现高集成度、低串扰的片上系统应用方面，面临了巨大的阻碍。

2.5.1.1　单元结构设计与色散特性分析

为此，本书进一步设计了一种内嵌型结构的小型化 SSPPs 传输线。如图 2-34（a）和图 2-34（b）所示，分别为 50 Ω 标准微带线和本书所提出的内嵌型 SSPPs 单元结构示意图，2 种拓扑结构都设计在 InP 工艺的 M3 层上。为了实现 SSPPs 的小型化和高场约束能力，该结构从微带线的中上位置开始蚀刻金属层，形成由 6 个狭缝组成的折叠结构。每个折叠槽都有特定的长度 L、$5L$、$2L$、$10L$、$2L$、$4L$。这种内嵌折叠结构可以实现所需的 SSPPs 特性，并且整体占地面积和 50 Ω 标准微带线保持一致。在初步设计中，折叠槽的长度 L 为 7 μm，

宽度 g 为 4 μm，周期 p 为 80 μm，微带线的线宽 W_0 为 27 μm。在此设计中，为了降低 InP 制备工艺难度，将 BCB 衬底厚度更改为 10 μm，其他设置与上节所述的 InP 工艺相同。在微带线中嵌入折叠槽结构，该设计实现了 SSPPs 传输线尺寸紧凑和有效场约束的目标，从而使其更加适用于高集成度太赫兹片上系统应用。

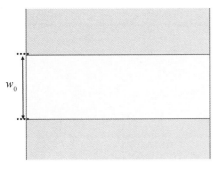 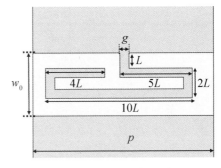

(a) 50 Ω 标准微带线　　　　(b) 内嵌型 SSPPs 单元结构

图 2-34　标准微带线与内嵌型 SSPPs 单元结构示意图

首先对内嵌型 SSPPs 单元结构的色散特性进行分析。利用商业电磁仿真软件的本征模仿真控件对内嵌型 SSPPs 单元结构的色散曲线进行了仿真。如图 2-35(a) 所示，内嵌型 SSPPs 单元的色散曲线均明显偏离光线，表现出天然的慢波特性。此外，还比较了内嵌型 SSPPs 与微带线的色散特性，结果表明，所设计的内嵌型 SSPPs 结构的波矢量比微带结构的波矢量大，表现出更强的电磁能量约束能力，同时其与微带相比也不可避免地具有更高的传输损耗。如之前分析所言，通过优化 SSPPs 的几何结构(比如降低折叠槽长度 L)，SSPPs 在部分频段的波矢量可以降低到微带线的波矢量以下，这种波矢量的减小导致了 SSPPs 场约束能力的降低，可形成损耗更低的导波模式。总之，SSPPs 的波矢量是可以自由控制的，允许在最小化损耗和最大化场束缚特性之间进行设计选择。本书设计的 SSPPs 主要是验证其高场束缚能力和低串扰特性，因此并未将 SSPPs 的波矢量设计在微带线波矢量之下。从图 2-35(b) 可以看出，通过调整几何参数可以很容易地控制 SSPPs 单元的色散曲线，即当折叠槽的长度 L 和周期长度 p 分别从 5 μm 增加到 7 μm 和从 80 μm 增加到 180 μm 时，内嵌型 SSPPs 色散曲线的渐近频率会分别从 0.66 THz 降低到 0.41 THz 和从 0.41 THz 降低到 0.34 THz。可见，与折叠型 SSPPs 单元结构类似，内嵌型 SSPPs 单元结构的色散曲线主要由折叠槽长度决定，而周期长度对色散曲线的调节能力相对较弱。

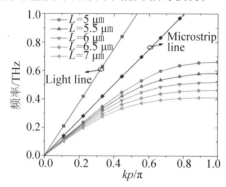

（a）不同折叠槽长度 L 下的 SSPPs 色散曲线

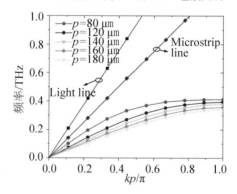

（b）不同周期长度 p 下的 SSPPs 色散曲线

图 2-35　内嵌型 SSPPs 单元结构色散曲线

2.5.1.2　内嵌型 SSPPs 传输线设计

　　基于内嵌型 SSPPs 单元结构，构建了小型化太赫兹片上传输线。如图 2-36 所示，该 SSPPs 传输线由馈电（Feeding）、过渡（Transition）和主传输线（SSPPs TL）3 个不同部分组成。在馈电部分，由于本节设计的内嵌结构采用标准微带线馈电，因此与前两节采用的共面波导和接地共面波导馈电结构不同。本设计中，标准的 50 Ω 微带线直接连接到输入/输出端口的地线-信号-地线 GSG pad，GSG pad 的增加主要是为微带线传输线的在片测试提供方便的测量接口，保证信号的完整性，并便于与探针台组件的无缝连接，GSG pad 的尺寸参数见表 2-5 所列。过渡段采用了 6 个梯度单元，每个单元逐步增加折叠槽的个数和尺寸，以实现微带线与 8 个内嵌型 SSPPs 单元之间的阻抗和模式匹配。该传输线的整体长度为 2 mm。

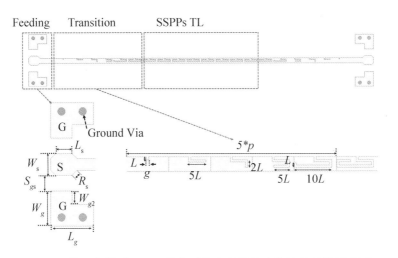

图 2-36　基于内嵌型 SSPPs 的小型化太赫兹片上传输线结构示意图

表 2-5　GSG pad 的尺寸参数

参数	W_s	L_s	R_s	L_g	W_g	W_{g2}	S_{gs}
数值/μm	50	38.5	11.5	100	80	30	35

　　内嵌型 SSPPs 传输线的仿真结果如图 2-37 所示，在 100～280 GHz 频率范围内，传输线的插入损耗低于 5 dB(100 GHz @ 2 dB，280 GHz@ 5 dB)，即 2.5 dB/mm，回波损耗优于 10 dB。随着频率的上升，SSPPs 的波矢量逐渐增加，因此 SSPPs 传输线对场的束缚能力逐渐增强，损耗逐渐增加，并最终彻底截止，表现出与内嵌型 SSPPs 单元结构色散曲线一致的特性。

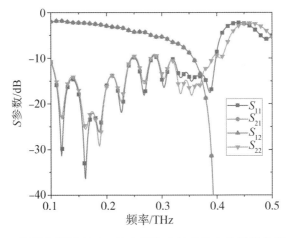

图 2-37　基于内嵌型 SSPPs 的小型化太赫兹片上传输线仿真结果图

接下来，研究了内嵌型 SSPPs 单元的结构参数对传输线性能的影响。如图 2-38(a)和图 2-38(b)所示，随着折叠槽长度 L 和周期 p 的增加，SSPPs 传输线的截止频率逐渐减小。SSPPs 传输线表现出独特的低通滤波特性，这与 SSPPs 单元的色散特性相一致。综上所述，通过调节内嵌型 SSPPs 单元的几何参数，如折叠槽的长度和周期，可以灵活地控制 SSPPs 传输线的色散特性，这种灵活调控能力为在太赫兹频率范围内根据特定的操作要求定制传输性能提供了机会。此外，本书设计的梯度单元过渡结构成功实现了微带线与内嵌型 SSPPs 之间的阻抗和模式匹配，证明了 SSPPs 传输线与现有微带线架构集成的可行性，有助于在片上太赫兹系统中的实际实现。

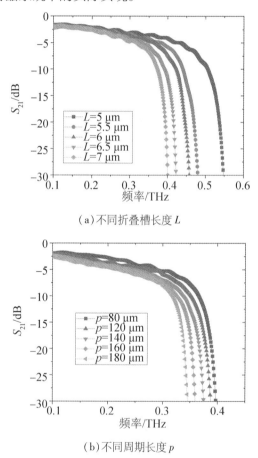

(a)不同折叠槽长度 L

(b)不同周期长度 p

图 2-38　不同结构参数下内嵌型 SSPPs 传输线的仿真插入损耗结果图

为了更深入地了解该 SSPPs 的传输特性，对其在 200～500 GHz 频段内的电场分布进行了仿真。仿真结果如图 2-39 所示，200 GHz 频率下的电场在整个结构中不存在信号截止，当太赫兹信号从微带线输入时，它沿着 SSPPs 传输线平滑传播。与之不同的是，500 GHz 频点处的电场在传输至 SSPPs 单元内时会发生显著衰减，最终导致完全截止。这一仿真结果进一步验证了 SSPPs 固有的低通截止特性，说明它们能够有效滤除较高频率成分，同时允许较低频率信号通过。这些仿真结果为预期传输行为提供了有价值的确认，并验证了 SSPPs 在太赫兹应用中的适用性。

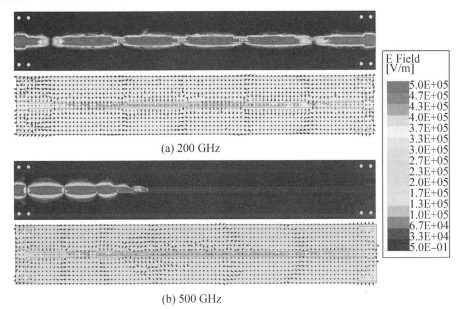

(a) 200 GHz

(b) 500 GHz

图 2-39　基于内嵌型 SSPPs 的太赫兹片上传输线电场分布图（箭头为电场矢量方向）

2.5.1.3　内嵌型 SSPPs 传输线的在片测试验证

采用 InP 工艺制备了所提出的内嵌型 SSPPs 太赫兹片上传输线，在矢量网络分析仪 Keysight E8257D 和扩频模块 R&S ZC330 的配合下，通过片上接地-信号-接地（GSG）探针头（cascade EPS150COAX）进行测量，测量频率范围为 0.22~0.325 THz。在测量前，对连接器、探针、波导以及线缆损耗进行了校准，以消除不必要的仪器设备影响。内嵌型 SSPPs 的太赫兹片上传输线测试实物图如图 2-40 所示。传输线整体占地面积为 2 mm×0.3 mm。

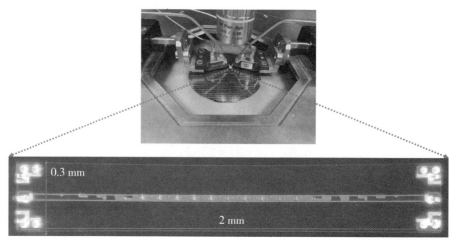

图 2-40　基于内嵌型 SSPPs 的太赫兹片上传输线测试实物图

　　实测与仿真 S 参数对比如图 2-41(a)所示。所提出的内嵌型 SSPPs 传输线在 0.22 ～ 0.325 THz 频率范围内的插入损耗曲线平坦，带内回波损耗优于 10 dB。与仿真结果相比，测量结果的 S 参数在一定程度上有所恶化，这可能是由于测量过程中输入和输出 GSG 探头的接触不良以及制作过程中的误差造成的。此外，仿真了金属层 M3 的表面粗糙度对 SSPPs 传输性能的影响，如图 2-41(b)所示，当表面粗糙度 R_a 达到 0.5 μm 时，SSPPs 传输线的插入损耗会恶化 2 倍左右，说明较高的金属表面粗糙度对传输线保持低插入损耗能力存在不利的影响。

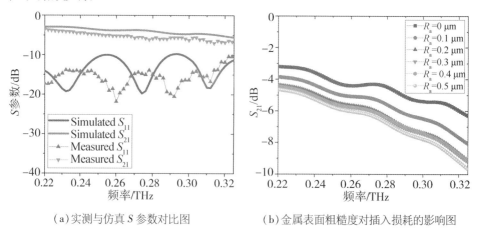

(a)实测与仿真 S 参数对比图　　　　　　(b)金属表面粗糙度对插入损耗的影响图

图 2-41　基于内嵌型 SSPPs 的太赫兹片上传输线测试结果及金属表面粗糙度对结果的影响仿真图

2.5.2 内嵌型小型化SSPPs的低串扰特性

鉴于SSPPs传输线的强场束缚能力，可以推断相邻SSPPs传输线之间的电磁串扰会小于同尺寸分布的微带线，本小节将通过仿真对上述推断进行验证。

如图2-42(a)和图2-42(b)所示，将两条微带线和内嵌型SSPPs传输线紧密放置在相同的电路分布环境中，相邻间隔S为25 μm。在本设计中，密实放置的微带线和SSPPs线的长度设置为$20p$，内嵌型SSPPs传输线的拓扑结构与上节中描述的原理配置相同。Port 1和Port 2分别为上方传输线的输入与输出端口，Port 3和Port 4分别为下方传输线的输入与输出端口。在每个端口放置一条长度为$L_{ms}=200$ μm的弯折微带线以便于馈电，50 Ω标准微带线的宽度为$W_0=27$ μm。如图2-43(a)和图2-43(b)所示为两相邻传输线在200 GHz时的电场分布图，可以看到，微带线中由端口1馈电的电场除了传输至端口2以外，还明显地耦合到了端口3；而本书提出的内嵌型SSPPs传输线的电场被紧紧束缚在金属-介质表面，完整的从端口1传输至端口2，几乎没有电场能量被耦合至端口3，因此该内嵌型SSPPs传输线对相邻传输线产生的串扰较小。

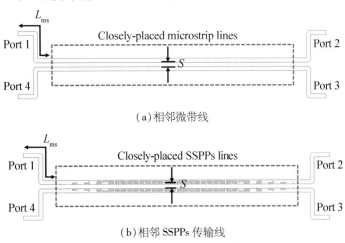

(a)相邻微带线

(b)相邻SSPPs传输线

图2-42　相邻传输线串扰特性仿真端口设置

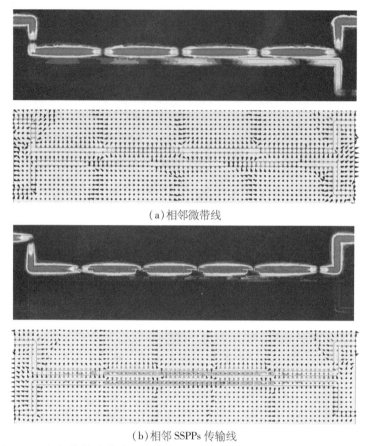

（a）相邻微带线

（b）相邻 SSPPs 传输线

图 2-43　相邻传输线串扰特性电场分布仿真结果（箭头为电场矢量方向）

　　为了定量分析串扰的大小，对两种相邻电路的 S 参数进行了仿真，如图 2-44 所示。在回波损耗、近端串扰和插入损耗相近的情况下，相邻内嵌型 SSPPs 传输线之间的串扰 S_{31} 明显低于相邻微带线（MS）之间的串扰。在 0.1 THz 到 0.35 THz 的频率范围内，相比于相邻微带线，相邻内嵌型 SSPPs 传输线之间的串扰 S_{31} 降低了约 20 dB，其中，在 0.21 THz 时耦合抑制程度达到了最大，即 43 dB。

　　为了更深入地了解所提出的太赫兹片上内嵌型 SSPPs 传输线的低串扰特性，对不同线间间隔 S 下的串扰值 S_{31} 进行了仿真，并与相同布线环境下相邻微带线之间的串扰进行了对比。如图 2-45 所示，相邻微带线和相邻内嵌型 SSPPs 传输线的串扰值 S_{31} 分别用虚线和实线表示。显然，随着线间间隔 S 从 20 μm 增加到 100 μm，相邻微带线之间的 S_{31} 逐渐从约 -10 dB 减小至 -30 dB，而相邻内嵌型 SSPPs 传输线之间的 S_{31} 均稳定在 -25 dB 以下。换句话说，线间间隔 $S = 100$ μm 的相邻微带线之间的串扰值与线间间隔 $S = 20$ μm 的内嵌型 SSPPs 传输线相当，这充分验证了内嵌型 SSPPs 传输线优良的低串扰性能。

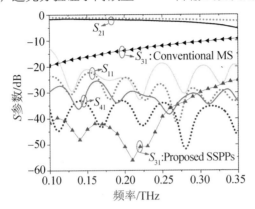

图 2-44　相邻内嵌型 SSPPs 传输线的 S 参数仿真结果

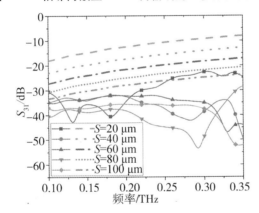

图 2-45　不同线间间隔 S 下相邻传输线之间的串扰程度

　　需要注意的是，本节提出的内嵌型 SSPPs 传输线具有与传统太赫兹片上微带线完全相同的占地面积。然而，在相同的电路布线环境和外形尺寸下，内嵌型 SSPPs 传输线展现出卓越的低串扰性能。这一特性在太赫兹集成电路设计中具有非常重要的意义。具体而言，在不可避免的紧凑电路布线环境中，可以替换微带线为外形尺寸相同的内嵌型 SSPPs 传输线，而无须改变整体电路和系统的外形结构框架，从而保证太赫兹信号的完整性，并实现小型化和高电磁兼容性的系统级目标。

2.6 本章小结

本章从 SSPPs 的基本概念和传播特性出发，对新型片上太赫兹 SSPPs 传输线进行了深入研究。首先，针对传统 RWG-SSPPs 传输线过渡结构尺寸过大、加工困难的问题，本章首次提出了一种基于偶极子天线的小型化过渡结构。该过渡结构设计简便紧凑，并且在 195～250 GHz 的频率范围内高效地实现了波导与 SSPPs 传输线之间的模式转换，从而解决了 SSPPs 传输线在太赫兹模块和系统应用中的波导激励基础问题。进一步地，针对片上集成天线过渡结构带宽狭窄的问题，本章提出了一种"触须式"的片上偶极子天线过渡结构，该结构可实现覆盖整个 WR4 波导频率范围内的波导-TMICs 过渡。接下来进一步地研究了 SSPPs 在小型化太赫兹单片集成电路（TMICs）中的应用。采用 InP 工艺，开发了 2 种小型化的 SSPPs 传输线：第一种是采用折叠型结构，在具有相同色散特性的前提下，相较于传统锯齿型 SSPPs 结构，尺寸缩小了 57.2%；第二种采用内嵌型结构，尺寸与传统的 50 Ω 微带线相同，在相同的布线环境和占地面积下，该 SSPPs 传输线表现出了优异的低串扰特性。采用太赫兹在片测试平台和矢量网络分析仪对上述传输线进行了试验验证，测试结果与仿真结果具有较高的吻合度。本章设计的 SSPPs 传输线分别采用共面波导（CPW）、矩形波导、接地共面波导（GCPW）和微带线馈电，不同馈电结构的设计可完善太赫兹 SSPPs 传输线与传统平面传输线的集成。本章通过对太赫兹 SSPPs 传输线的深入研究，为未来太赫兹 SSPPs 功能器件的设计奠定了良好的基础。

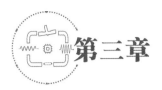

第三章

基于 SSPPs 的太赫兹滤波技术研究

3.1 引言

　　高性能太赫兹滤波技术在太赫兹系统应用中具有关键作用，滤波器的设计和性能直接决定了系统的工作频率范围和滤波效果。得益于 SSPPs 天然的低通特性，太赫兹滤波器可将谐振电路或高通电路集成在 SSPPs 传输线上，这已成为实现高性能太赫兹滤波电路的重要途径。这种滤波器的集成方式具有高集成度、可靠性强、可控性高等优点。本章的研究重点为混合 SRR/CSRR-SSPPs 的太赫兹带阻滤波器和混合 SIW-SSPPs 的太赫兹带通滤波器。首先，提出了一种高集成度的带阻滤波器，在不改变 SSPPs 传输线占地面积的基础上，实现了宽带范围内的高抑制深度。其次，设计了一种上下边带可灵活调控的带通滤波器，在保证宽通带的同时还具有优异的带外抑制特性。此外，通过在 SSPPs 传输线中引入二氧化钒（VO_2）薄膜，还实现了对太赫兹滤波器的实时调控，增强了其调节性能。

3.2 混合 SRR/CSRR-SSPPs 的太赫兹带阻滤波器

在频率资源日益紧缺的现代通信环境下，带阻滤波器成为一种备受欢迎的解决方案。这种滤波器在通带上插入一个阻带，呈现出通带-阻带-通带的频率特性，可以在宽带系统中有效地抑制通带内的干扰信号。随着通信技术的迅猛发展，人们对同时实现宽带通信和特定频带抑制的需求越来越迫切。由于 SSPPs 的天然低通特性，带阻滤波器可具有通带-阻带-通带-阻带的独特频率特性，因此成为目前研究的热点。本节通过引入开口谐振环(split ring resonator, SRR)和互补开口谐振环(complementary split ring resonator, CSRR)这两种谐振单元，实现了基于 SSPPs 的单阻带太赫兹滤波器。进一步地，将 SRR 和 CSRR 结合起来，在不改变 SSPPs 占地面积的基础上实现了宽带抑制。这种滤波器的设计和性能分析对太赫兹带阻滤波器的发展具有重要意义。

3.2.1 混合 SRR-SSPPs 的太赫兹单阻带滤波器

在第 2.2 节中提出的优化过渡锯齿型 SSPPs 传输线的基础上，本节通过在锯齿槽中加载 SRR，实现了单阻带的太赫兹 SSPPs 滤波器，其单元结构如图3-1(a)所示。一组对称分布的 SRRs 对加载在锯齿槽 SSPPs 单元结构的槽缝中，SRR 的长度 $L = 180$ μm，宽度 $W_s = 80$ μm，SRR 枝节长度 $L_s = 100$ μm，SRR 线宽及与 SSPPs 单元结构的间距均为 $g = 10$ μm。采用商业电磁仿真软件的本征模仿真控件对 SSPPs 滤波器单元结构的色散特性进行仿真。如图 3-1(b)所示，点线表示 SSPPs 滤波器单元结构的色散曲线，实线表示的是不加载 SRRs 的锯齿槽 SSPPs 的色散曲线。其中，①部分为 SSPPs 滤波器单元结构的基模(Mode 0)，②部分为一阶高次模(Mode 1)。根据 SSPPs 的传输机理，在光线右侧且在色散曲线截止频率以下的区域为 SSPPs 单元的传输通带。由图 3-1(b)可知，在

Mode 0 和 Mode 1 之间的灰色区域是存在于两个传输模式之间的阻带(rejection band)。从图中可以看出,SSPPs 滤波器单元结构的一阶高次模Mode 1表现为固有的带通模式,其通带范围从偏离光线的转折点开始直至渐近频率点,且其渐近频率与不加载 SRRs 的锯齿槽 SSPPs 的渐近频率相同。也就是说,通过在锯齿槽缝中加载 SRRs,使不存在高次模的 SSPPs 单元中新增了一个一阶高次模,实现了 SSPPs 单元的多模传输。这是由于,通过加载 SRRs,使得锯齿槽 SSPPs 的等效槽深度 h 得到了增加,当等效槽深度 h 大于单元结构周期长度 p 时,即会出现高次模,且高次模数量会随着等效槽深度的增加而逐渐增加[199]。因此,通过加载 SRRs,使得 SSPPs 表现为通带-阻带-通带-阻带的滤波特性。

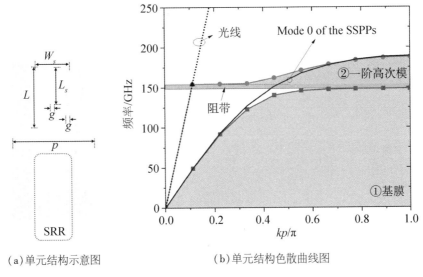

(a)单元结构示意图   (b)单元结构色散曲线图

图 3-1   混合 SRR-SSPPs 的太赫兹带阻滤波器单元结构及色散曲线图

接下来分析了加载 SRR 的参数对 SSPPs 滤波性能的影响。如图 3-2(a)所示,仿真分析了 SRR 枝节长度 L_s 对 SSPPs 滤波性能的影响。明显地,随着枝节长度逐渐从 90 μm 增加至 130 μm,SSPPs 滤波器的带阻频率逐渐从 152 GHz 降低至 135 GHz。因此,通过调整 SRR 枝节的长度 L_s,可以实现对 SSPPs 滤波器工作频带的灵活设置,这体现了设计上的高度灵活性。此外,分析了该滤波器在加载不同数量的 SRR(N 值变化)时的传输特性。如图 3-2(b)所示,对对称分布的 SRRs 对的个数 N 从 1 逐渐增加到 6 时的滤波器插入损耗进行了仿真。

从仿真结果中可以明显看出，随着 SRRs 对个数的增加，SSPPs 滤波器的阻带抑制深度逐渐从 12 dB 增加至 90 dB，表现出更加优异的带阻特性。这是由于，随着 SRRs 单元个数的增加，其谐振特性相互叠加，越多的单元个数可实现越深的抑制度。

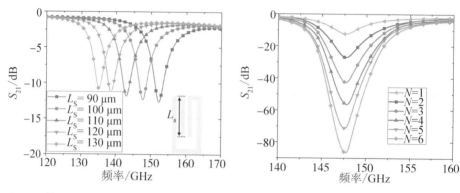

（a）SRR 枝节长度 L_s 对 SSPPs 滤波性能的影响　　（b）SRR 数量 N 对 SSPPs 滤波性能的影响

图 3-2　加载 SRR 的结构参数对 SSPPs 滤波性能的影响

为了验证加载 SRRs 的 SSPPs 的通带-阻带-通带-阻带的滤波特性，对 SSPPs 滤波器进行了仿真设计。其中，考虑到器件的小型化和加工工艺简便化，将对称的 SRRs 对的个数 N 设置为 6 个。如图 3-3（a）所示，与 SSPPs 传输线相似，该滤波器由 CPW 馈电部分、模式转换部分，以及核心的 SSPPs 滤波器部分组成。该 SSPPs 滤波器的整体结构除了将 6 组 SRRs 对加载在锯齿槽缝中之外，其余部分与图 2-4 中所述的优化过渡锯齿型 SSPPs 传输线是完全一致的，其中 6 组 SRRs 的结构尺寸是相同的，枝节长度 L_s 为 100 μm。

仿真结果如图 3-3（b）所示，不加载 SRRs 的 SSPPs 传输线与加载 SRRs 的 SSPPs 滤波器具有相近的上截止频率。但通过加载 6 组 SRRs，SSPPs 滤波器在低通频带内引入了一个阻带，表现出优异的通带-阻带-通带-阻带滤波特性，与图 3-1 所述的单元结构色散特性相吻合。在 143 ~ 154 GHz 频带范围内，SSPPs 滤波器的抑制深度大于 10 dB，其中，在 148 GHz 达到了约 90 dB 的最大抑制深度。此外，通过调节 SRR 枝节长度可灵活调控滤波器的工作频率，通过改变加载 SRR 的个数可实现对抑制深度的调控。

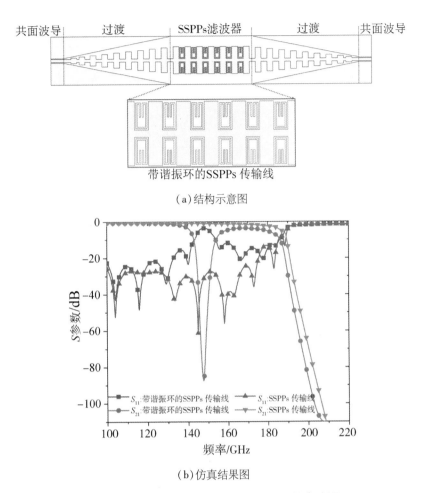

（a）结构示意图

（b）仿真结果图

图 3-3　混合 SRR-SSPPs 的太赫兹单阻带滤波器

　　为了更好地得到通-阻-通-阻的滤波特性，在保持 SRRs 外形不变的情况下，也可同时加载多种不同枝节长度的 SRRs，以实现多阻带滤波。如图 3-4 所示，对加载枝节长度分别为 100 μm 和 130 μm 的 SRRs 进行了仿真设计。仿真结果表明，通过加载 3 组两种不同长度的 SRRs，在 135 GHz 和 148 GHz 实现了抑制深度约为 40 dB 的双频带带阻滤波特性，SRRs 产生的滤波频段与图 3-2（a）相对应。因此，可借助不同尺寸的 SRRs 结构对应多频共振阻带，以实现多频带带阻滤波器设计。

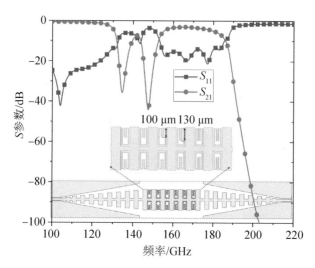

图 3-4　加载两种不同枝节长度 SRRs 的太赫兹 SSPPs 带阻滤波器的仿真结果图

3.2.2　混合 CSRR-SSPPs 的太赫兹单阻带滤波器

本节通过在上述锯齿槽 SSPPs 中刻蚀 CSRR，实现了单阻带的太赫兹 SSPPs 滤波器，其单元结构如图 3-5（a）所示。一组对称分布的 CSRRs 对刻蚀在锯齿槽 SSPPs 单元结构的锯齿金属中，与混合 SRR-SSPPs 单元结构的尺寸相同，CSRR 的长度 $L = 180$ μm，宽度 $W_s = 80$ μm，CSRR 枝节长度 $L_c = 100$ μm，CSRR 线宽及与 SSPPs 单元结构的间距均为 $g = 10$ μm。采用商业电磁仿真软件的本征模仿真控件对 SSPPs 滤波器单元结构的色散特性进行仿真。如图 3-5（b）所示，点线表示 SSPPs 滤波器单元结构的色散曲线，虚线表示的是不刻蚀 CSRRs 的锯齿槽 SSPPs 的色散曲线。其中，青色部分为 SSPPs 滤波器单元结构的基模（Mode 0），蓝色部分为一阶高次模（Mode 1）。根据 SSPPs 的传输机理，在光线右侧且在色散曲线截止频率以下的区域为 SSPPs 单元的传输通带。明显地，在 Mode 0 和 Mode 1 之间的灰色区域是存在于两个传输模式之间的阻带。这是因为蚀刻的 CSRR 增加了 SSPPs 的相对凹槽深度，当凹槽深度大于周期 p 时，可以支持 SSPPs 的高阶模态。因此，混合 CSRR-SSPPs 单元结构的色散曲线在 133～148 GHz 的频率范围内具有频率阻带。

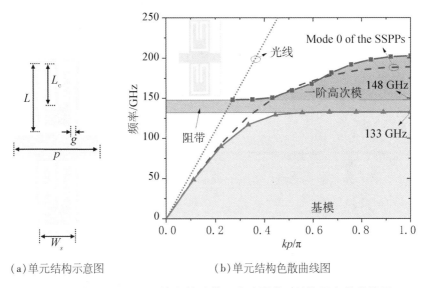

（a）单元结构示意图　　　　　　　（b）单元结构色散曲线图

图3-5　混合 CSRR-SSPPs 的太赫兹带阻滤波器单元结构及色散曲线图

为了验证刻蚀 CSRRs 的 SSPPs 的通带-阻带-通带-阻带的滤波特性，对
SSPPs 滤波器进行了仿真设计。其中，考虑到器件的小型化和加工工艺简便化，
将对称的 CSRRs 对的个数 N 设置为 7 个。如图 3-6（a）所示，该 SSPPs 滤波器
的整体结构除了将 7 组 CSRRs 对刻蚀在锯齿金属中外，其余部分与图 2-4 中所
述的优化过渡锯齿型 SSPPs 传输线是完全一致的，其中 7 组 CSRRs 的结构尺寸
是相同的，枝节长度 L_c 为 100 μm。仿真结果如图 3-6（b）所示，通过刻蚀 7 组
CSRRs，SSPPs 滤波器在低通频带内引入了一个阻带，表现出优异的通带-阻带
-通带-阻带的滤波特性，与图 3-5 所述的单元结构色散特性相吻合。在 136 ~
154 GHz 频带范围内，SSPPs 滤波器的抑制深度大于 10 dB，其中，在 145 GHz
达到了约 38 dB 的最大抑制深度。

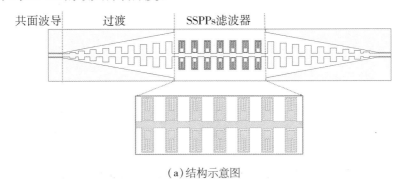

（a）结构示意图

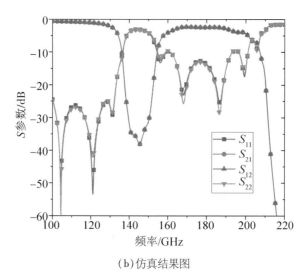

(b)仿真结果图

图 3-6　混合 CSRR-SSPPs 的太赫兹单阻带滤波器

接下来分析刻蚀 CSRR 的参数对 SSPPs 滤波性能的影响。如图 3-7(a)所示，仿真分析了 CSRR 枝节长度 L_c 对 SSPPs 滤波性能的影响。明显地，随着枝节长度逐渐从 90 μm 增加至 130 μm，SSPPs 滤波器的带阻频率逐渐从 150 GHz 降低至 135 GHz。因此，通过调整 CSRR 枝节长度 L_c 可实现对 SSPPs 滤波器工作频带的随意设置，具有设计灵活性。此外，分析了该滤波器在加载不同 CSRR 个数 N 下的传输特性。如图 3-7(b)所示，对对称分布的 CSRRs 对的个数 N 从 1 逐渐增加到 7 时的滤波器插入损耗进行了仿真。从仿真结果中可以明显看出，随着 CSRRs 对的个数的增加，SSPPs 滤波器的阻带抑制深度逐渐从 10 dB 增加至 38 dB，表现出更加优异的带阻特性。此外，也可刻蚀不同尺寸的 CSRRs 结构对应多频共振阻带，实现多频带带阻滤波器设计。

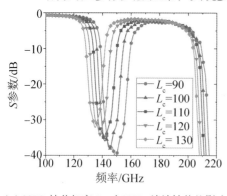

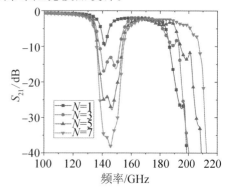

(a)CSRR 枝节长度 L_c 对 SSPPs 滤波性能的影响　　(b)CSRRs 数量 N 对 SSPPs 滤波性能的影响

图 3-7　刻蚀 CSRR 的结构参数对 SSPPs 滤波性能的影响

3.2.3 混合 SRR/CSRR-SSPPs 的太赫兹宽带带阻滤波器

在上述混合 SRR 与混合 CSRR 的滤波器的基础上，本书提出了一种同时混合 SRR 与 CSRR 的带宽增强型太赫兹带阻滤波器。如图 3-8 所示，该 SSPPs 滤波器的整体结构和占地面积与图 2-4 中所述的优化过渡锯齿型 SSPPs 传输线是完全一致的。具体的实现方式是在锯齿单元中分别加载 SRR 结构和刻蚀 CSRR 结构，其中 SRR 与 CSRR 的长度 $L = 180$ μm，宽度 $W_s = 80$ μm，线宽及与 SSPPs 单元结构的间距均为 $g = 10$ μm，周期 $p = 100$ μm。如图 3-8 所示，枝节长度 L_c 为 100 μm 的混合 CSRR-SSPPs 的阻带频率为 133 ~ 148 GHz。因此，在七组混合 CSRR-SSPPs 单元结构中，分别加载六组枝节长度 $L_{s1} = 130$ μm 和 $L_{s2} = 100$ μm 的 SRR 结构，以实现在 130 GHz 和 148 GHz 处叠加额外的谐振阻带，进而实现带宽增强效应。该结构在不改变 SSPPs 传输线占地面积的情况下，通过同时加载 SRR 和刻蚀 CSRR 实现了宽阻带的太赫兹滤波器，具有结构紧凑、设计灵活等优异特性。

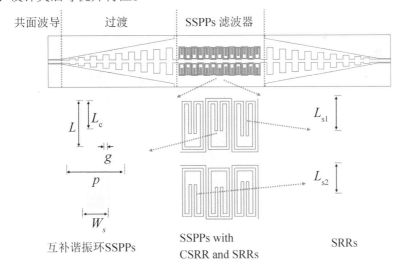

图 3-8　混合 SRR/CSRR-SSPPs 的太赫兹宽带带阻滤波器结构示意图

在此基础上，对所提出的 SSPPs 滤波器的 S 参数进行了仿真，并与常规锯齿槽型 SSPPs 传输线和混合 CSRR-SSPPs 滤波器进行了比较。如图 3-9 所示，混合 CSRR-SSPPs 滤波器得到了一个明显的抑制带，这与图 3-5 所示的色散特性一致。此外，将枝节长度 L_s 分别为 100 μm 和 130 μm 的 SRR 加载到混合

CSRR-SSPPs 滤波器的沟槽中，滤波器的相对带宽从 10.7% 提高到 21%，隔离度保持在 10 dB 以上。显然，除了带宽增强外，带内隔离度也得到了显著的改善，且更多的 CSRR 和 SRR 数量将实现更好的隔离度。考虑到器件的小型化和加工工艺，本研究的 CSRRs 和 SRRs 对的数量分别为 7 对和 6 对。

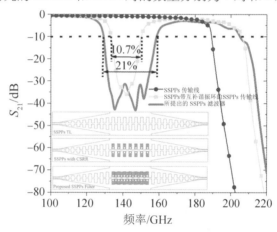

图 3-9　混合 SRR/CSRR-SSPPs 的太赫兹宽带带阻滤波器的仿真插入损耗

　　为了直观显示滤波器的工作状态，在 110 GHz、140 GHz 和 170 GHz 频段对金属表面上的电场分布进行了仿真。如图 3-10 所示，在通带内的 110 GHz 和 170 GHz 频点的太赫兹能量可以有效地从输入端口传输到输出端口，而在阻带 140 GHz 频点处的电场能量则在 SSPPs 单元中迅速凋落。此外，110 GHz 处的电场能量集中在金属结构的外侧，而 170 GHz 处的电场能量集中在金属结构的内外两侧。这是由于，110 GHz 时滤波器处于通带内的基模模式，而 170 GHz 时处于通带内的一阶高次模模式，这与图 3-5 所示的色散特性是相对应的，进一步验证了滤波器的工作机理。

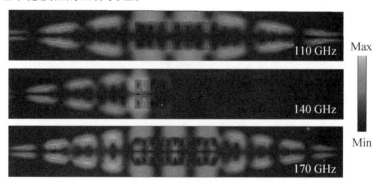

图 3-10　混合 SRR/CSRR-SSPPs 的太赫兹宽带带阻滤波器的电场分布图

3.2.4 测试验证

　　为验证上述基于 SSPPs 的太赫兹带阻滤波器的可行性，采用微纳加工工艺制备了所提出 SSPPs 滤波器，并进行了相应的实验测试，制备和测试步骤与第2.2 节中对锯齿型 SSPPs 传输线的测试验证相同。混合 SRR/CSRR-SSPPs 的太赫兹带阻滤波器的实物图以及测试环境如图 3-11 所示。如图 3-12(a)所示，所提出的混合 SRR-SSPPs 的太赫兹单阻带滤波器在 142～156 GHz 频率范围内的抑制深度大于 10 dB，最大抑制深度为 45 dB@148 GHz。如图 3-12(b)所示，所提出的混合 SRR/CSRR-SSPPs 的太赫兹宽带带阻滤波器在 128～158 GHz 频率范围内的抑制深度大于 10 dB，最大相对带宽可达 21%。此外，在 135 GHz 至143 GHz 频率范围内的最大隔离度可达 50 dB 左右。SSPPs 带阻滤波器的实验结果与仿真结果具有较好的吻合度，验证了该设计的可行性。测试结果相较于仿真结果存在一定的性能恶化，这主要是由微纳加工工艺误差、探针台在片测试接触不良等因素造成的。尽管测试结果存在一定的性能恶化，但 SSPPs 滤波器的带阻特性与仿真结果也具有较好的吻合度，表明了该设计的可实用性。

(a)混合 SRR -SSPPs 的太赫兹带阻滤波器的实物图

(b)混合 SRR/CSRR-SSPPs 的太赫兹宽带带阻滤波器的实物图

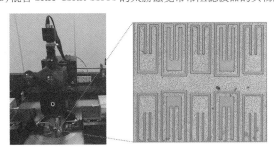

(c)测试环境

图 3-11　混合 SRR/CSRR-SSPPs 的太赫兹带阻滤波器的实物图及测试环境

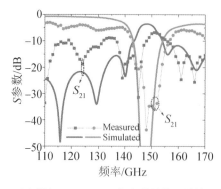

（a）混合 SRR -SSPPs 的太赫兹带阻滤波器的测试结果

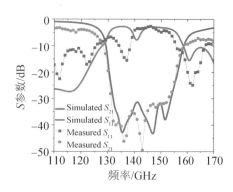

（b）混合 SRR/CSRR-SSPPs 的太赫兹宽带带阻滤波器的测试结果

图 3-12　混合 SRR/CSRR-SSPPs 的太赫兹带阻滤波器的测试结果

接下来讨论加工工艺容差对器件性能的影响。如图 3-13 所示，对混合 SRR-SSPPs 太赫兹带阻滤波器中 SRR 结构参数的容差对器件的影响进行了分析。明显地，当 SRR 偏移量 $X(u)$ 逐渐从 -10 μm 增加至 10 μm 时，SSPPs 滤波器的回波损耗和插入损耗都出现了明显的波动，其中，在偏移量为 10 μm 时，滤波性能最差。SRR 宽度 w_s 的加工误差 $X(w_s)$ 可影响滤波器的工作频率，如图 3-13（b）所示，随着加工误差 $X(w_s)$ 的增加，SSPPs 滤波器的工作频率逐渐降低，且抑制深度也有略微的波动。设计具有高容差率的 SSPPs 结构，提高微纳加工的工艺精度，可进一步改进实测结果与仿真结果的吻合度。

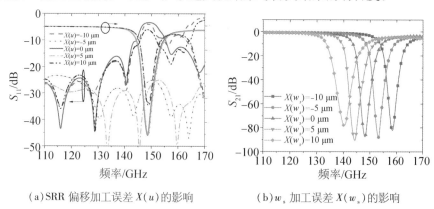

（a）SRR 偏移加工误差 $X(u)$ 的影响　　　（b）w_s 加工误差 $X(w_s)$ 的影响

图 3-13　加工误差对混合 SRR-SSPPs 的太赫兹带阻滤波器的影响

3.3 混合 SIW-SSPPs 的太赫兹带通滤波器

基片集成波导(SIW)是一种具有高通特性的平面传输线,它具有插入损耗低、制造方便、可与其他电路灵活集成的优点,被认为是下一代通信系统的发展方向。文献[68]首次结合 SIW 的高通特性和 SSPPs 的低通特性,实现了混合 SIW-SSPPs 的带通滤波器。该滤波器为 SSPPs 和 SIW 的结合做了示范,但该滤波器的 SSPPs 和 SIW 单元被分置在两个部分,各部分只有单个传输模式(TM 或 TE)进行电磁能量的传输。这一设计导致该滤波器在传输方向上具有相对较长的尺寸。本章提出了一种类八木天线结构的 SSPPs 单元,并将该单元结构嵌入SIW 中,实现了一种混合 SIW-SSPPs 的太赫兹带通滤波器。

3.3.1 SSPPs 和 SIW 的色散特性

本书提出的太赫兹滤波器采用与第二章相同的 InP 半导体工艺,如图 2-25 所示,所有的 SSPPs 和 SIW 电路均刻蚀在顶层 M3 金属层中,SIW 的接地是通过接地过孔将顶层金属 M3 连接至 M1,再通过过孔连接至金属背地实现的。

SSPPs 和 SIW 的单元结构示意图如图 3-14 所示,图中①部分为金属金,②部分为衬底 BCB 薄膜,③部分为金属化过孔。传统缝隙型 SSPPs 单元结构是通过在金属面上刻蚀出一条缝隙来实现的,类八木天线型 SSPPs 单元结构是通过在金属面上刻蚀出正交金属条实现的[如图 3-14(b)所示]。传统缝隙型SSPPs 单元和类八木天线型 SSPPs 单元具有相同的周期 D 和缝隙宽度 w,参数 H_0 和 H 分别表示二者的整个缝隙长度。周期为 D 的 SIW 单元结构如图3-14(c)所示,它是通过在金属面上刻蚀两排金属化过孔实现的,其中,参数 W_{sub} 表示双侧接地过孔中心之间的距离,即 SIW 的宽度。通过在 SIW 中蚀刻出类八木天线型 SSPPs,可以得到如图 3-14(d)所示的混合 SIW-SSPPs 单元结构,其中类八木天线型 SSPPs 的宽度表示为 L_s。图中对应的结构参数列于表 3-1 中。

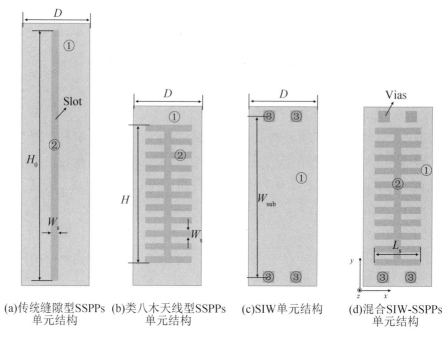

(a)传统缝隙型SSPPs   (b)类八木天线型SSPPs   (c)SIW单元结构   (d)混合SIW-SSPPs
单元结构   单元结构   单元结构

图 3-14　SSPPs 和 SIW 单元结构示意图

表 3-1　SSPPs 和 SIW 单元结构的几何参数

参数	H	H_0	D	W_s	W_{sub}	L_s	Vias
数值/μm	200	320	60	6	250	40	15×15

利用商用软件的本征模求解器计算上述单元结构的色散曲线。如图 3-15 所示，缝隙型 SSPPs 和类八木天线型 SSPPs 具有几乎相同的渐进频率，这是具有低通滤波器响应的 SSPPs 的典型色散特性。然而，缝隙型 SSPPs 的尺寸明显大于类八木天线型 SSPPs，其长度 H_0 和 H 分别为 320 μm 和 200 μm。这意味着，在相同的渐进频率下，采用类八木天线型 SSPPs 拓扑结构，可将传统 SSPPs 的占用面积可以减少约60%。这得益于类八木天线型 SSPPs 的正交缝隙结构，正交缝隙增加了 SSPPs 的相对有效长度，降低了 SSPPs 的高截止频率，即 SSPPs 的截止频率随着正交缝隙尺寸的增加而降低。从 SIW 的色散曲线中可以观察到高通滤波器的特性，其色散曲线从截止频率开始，逐渐走向纯快波模式。SIW 的低截止频率主要由双侧通孔之间的距离和过孔半径决定。当过孔半径一定时，低截止频率随着 W_{sub} 的增大而减小。明显地，由于过大的尺寸，传统缝隙型 SSPPs 无法有效地与 SIW 结合，而降低尺寸后的类八木天线型 SSPPs 则可以完全刻蚀在 SIW 的金属过孔之间，使其同时兼备 SIW 和 SSPPs 的特性。如图

3-15所示，混合 SIW-SSPPs 结构是具有低截止频率和高截止频率的天然带通滤波器，其低截止频率和高截止频率分别由 SIW 和 SSPPs 决定。此外，混合 SIW-SSPPs 的色散曲线在低频范围内与 SIW 相似，在高频范围内与 SSPPs 相似。

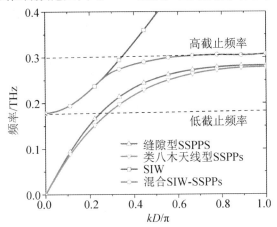

图 3-15   SSPPs 和 SIW 单元结构的色散曲线仿真结果

如图 3-16 所示，对不同 SSPPs 宽度 L_s 和 SIW 宽度 W_{sub} 下的色散特性进行了仿真。随着 L_s 从 30 μm 逐渐增加至 50 μm，SSPPs 的渐近频率从 0.31 THz 逐渐降低至 0.26 THz；随着 W_{sub} 从 210 μm 逐渐增加至 290 μm，SIW 的低截止频率从 0.21 THz 逐渐降低至 0.15 THz。因此，通过调节 SSPPs 和 SIW 的结构参数，可实现对混合 SIW-SSPPs 的低截止频率和高截止频率的独立调控。这表明，通过对结构参数的灵活调整，可实现带通滤波器频率范围的灵活定制，以满足特定的应用需求。

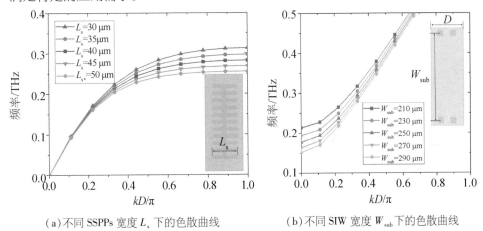

（a）不同 SSPPs 宽度 L_s 下的色散曲线   （b）不同 SIW 宽度 W_{sub} 下的色散曲线

图 3-16   不同结构参数下 SSPPs 和 SIW 的色散曲线

3.3.2 混合 SIW-SSPPs 的太赫兹带通滤波器设计

　　基于上述 SIW 和 SSPPs 单元结构，构建了 InP 基片上太赫兹带通滤波器，如图 3-17 所示。该滤波器的拓扑结构由输入/输出 GCPW 馈电部分、模式转换过渡部分以及混合 SIW-SSPPs 周期阵列部分组成。本研究采用比微带传输线色散更低、散热更好的 GCPW 传输线作为馈电结构，更适合于太赫兹集成电路。过渡结构的设计是实现高效滤波器的关键，本研究的过渡结构主要包括两个部分：一是 GCPW 与 SIW 之间的过渡，二是 SIW 与混合 SIW-SSPPs 之间的过渡。GCPW 与 SIW 过渡结构由开口共面波导和一对四分之一波长短路线组成，其长度为 $L_{g1} + L_{g2}$，槽宽为 g。对于四分之一波长短路线而言，其靠近 GCPW 附近的电场最大，而短路端处的电场很小，这与 SIW 中 TE_{10} 模式的场分布相似。因此，利用四分之一波长短路线可以实现 GCPW 和 SIW 之间的高效模式转换。此外，SIW 到混合 SIW-SSPPs 的过渡由 5 个线性递增的类八木天线阵列组成，该结构有效地激发 SSPPs 模式，实现 SIW 和混合 SIW-SSPPs 之间的阻抗和模式匹配。图 3-17 中对应的结构参数列于表 3-2 中。

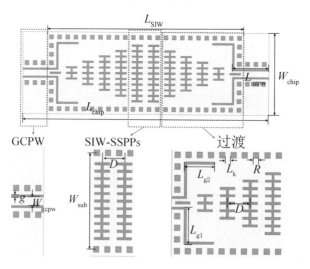

图 3-17　混合 SIW-SSPPs 的太赫兹带通滤波器结构示意图

表 3-2　混合 SIW-SSPPs 太赫兹带通滤波器的几何参数

参数	g	W_{GCPW}	L_{GCPW}	L_{g1}	L_{g2}	W_{sub}	D	L_k	R_k	L_{SIW}	L_{chip}	W_{chip}
数值/μm	6	22	130	90	80	250	60	15	15	720	900	285

如图 3-18(a)所示为混合 SIW-SSPPs 的太赫兹带通滤波器的仿真 S 参数，在 208 ~ 265 GHz 频率范围内，插入损耗小于 2 dB，带内回波损耗优于 20 dB，表现出良好的带通传输特性。

为了验证混合 SIW-SSPPs 滤波器的通带调节特性，进行了参数研究。图 3-18 展示了在不同几何参数下的仿真的插入损耗。从图中可以明显看出，混合 SIW-SSPPs 滤波器的高截止频率由 SSPPs 长度 H 和 SSPPs 宽度 L_s 决定，而低截止频率则取决于 SIW 宽度 W_{sub}。具体来说，图 3-18(b)展示了 H 对插入损耗的影响，当 H 值逐渐增大时，滤波器的高截止频率会逐渐降低，同时低截止频率保持不变，带宽也相应变窄。同样地，当 L_s 值增大时，插入损耗曲线的右边缘也会向低频移动，如图 3-18(c)所示。这是因为随着 SSPPs 几何尺寸的增大，传播常数也逐渐增大，从而导致截止频率降低。此外，图 3-18(d)展示了不同 SIW 宽度 W_{sub} 对插入损耗的影响。可以明显观察到 W_{sub} 只会影响低截止频率，随着 W_{sub} 的增大，低截止频率也会相应向低频移动。这是由于 SIW 的主模截止频率取决于其宽度，即 W_{sub}。综上所述，通过调整 SIW 和 SSPPs 的几何参数，可以实现该滤波器的灵活带宽定制。

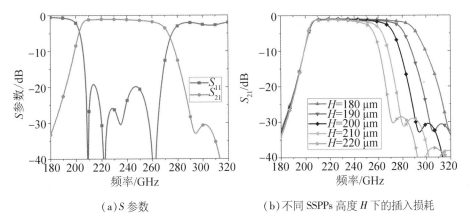

(a) S 参数　　　　　　(b) 不同 SSPPs 高度 H 下的插入损耗

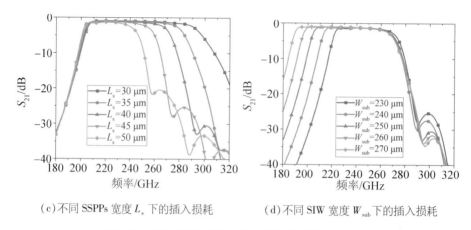

（c）不同 SSPPs 宽度 L_s 下的插入损耗　　　（d）不同 SIW 宽度 W_{sub} 下的插入损耗

图 3-18　混合 SIW-SSPPs 太赫兹滤波器仿真结果图

值得注意的是，当低截止频率和高截止频率分别被确定为 200 GHz 和 260 GHz时，SIW 宽度为 W_{sub}、传统缝隙型 SSPPs 的长度 H_0 和类八木天线型 SSPPs 的长度 H 分别为 250 μm、320 μm 和 200 μm。显然，传统缝隙型 SSPPs 由于尺寸大于 SIW 宽度而无法在 SIW 的金属表面上蚀刻。相比之下，类八木天线型 SSPPs 则可以有效地将 SSPPs 单元的纵向宽度减小至小于 W_{sub}，并且易于实现滤波通带的灵活调控。

为了更深入地研究混合 SIW-SSPPs 太赫兹带通滤波器的传输特性，对顶层金属 M1 层中的电场分布进行了仿真。图 3-19（a）展示了通带内 240 GHz 频点下的电场分布情况。从图中可以观察到，太赫兹波能够有效地通过整个滤波器，实现了有效的 GCPW、SIW 和 SSPPs 之间模式转换。然而，当工作频率低于滤波器的低截止频率时，如图 3-19（b）所示，输入的 180 GHz 频点的太赫兹波在 GCPW 线路中传播，但无法进入 SIW 中。此外，图 3-19（c）展示了在 300 GHz 时的电场分布图。太赫兹波在此情况下能够在有限的距离内传播，但逐渐凋落。这是由于当工作频率高于滤波器的高截止频率时，太赫兹波将在 SSPPs 部分终止。对电场分布的观察，直观地验证所提出的太赫兹带通滤波器的出色性能。

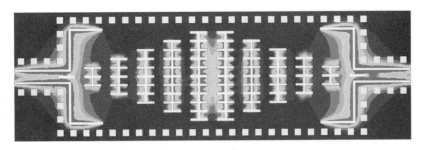

（a）240 GHz

（b）180 GHz

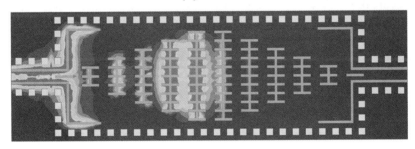

（c）300 GHz

图3-19　混合SIW-SSPPs太赫兹滤波器电场分布仿真结果图

表3-3列出了工作在毫米波频段以上的不同片上滤波器的性能对比。基于GaAs化合物半导体技术的带通滤波器在文献[70]和文献[196]中被提出，在毫米波频段验证了混合SIW-SSPPs带通滤波器的实用性。耦合和谐振结构的太赫兹片上滤波器分别在文献[197]和文献[198]中得到了演示，但它们的工作带宽非常窄。综上所述，工作在太赫兹频段的基于SIW-SSPPs技术的片上带通滤波器到目前为止还没有报道，本节采用适用于太赫兹集成电路的InP化合物半导体工艺设计的带通滤波器是将SIW-SSPPs滤波技术扩展到太赫兹范围内的有效尝试。此外，本节采用的类八木天线型SSPPs实现了与SIW的高效组合，并采用共面波导开路结构和四分之一波长短路线结构，实现了GCPW对SIW的高效馈电。

表 3-3   工作在毫米波频段以上的片上滤波器的性能比较

文献	频率/GHz	S_{21}/dB	S_{11}/dB	尺寸/μm	技术类型	结构
[70]	55.6 ~ 79.4	> -1.7	< -15	1600 × 366.5	GaAs	SIW-SSPPs
[196]	48.6 ~ 81.4	> -2	< -11	2500 × 470	GaAs	SIW-SSPPs
[197]	135.8 ~ 144.2	> -2	< -11	699.3 × 188.9	MEMS	microstrip filter
[198]	127.3 ~ 158.7	> -7.7	< -10	40 × 130	Si-CMOS	Semi-distributed resonator
本研究	208 ~ 265	> -2	< -20	900 × 285	InP	SIW-SSPPs

3.3.3 测试验证

由于此次基于 InP 工艺设计的混合 SIW-SSPPs 太赫兹带通滤波器仍处于流片过程中，为了进一步验证该结构的正确性与可行性，利用 Rogers 5880 基片对该结构进行尺寸缩放，使其工作在微波频段，并利用印刷电路板制造技术进行测试验证。缩放后的尺寸参数如下：W_{sub2} = 4.2 mm，H_{sub} = 0.508 mm，D_2 = 1.4 mm，L_{s2} = 0.8 mm，H_2 = 2.1 mm，W_{s2} = 0.2 mm，R_{via} = 0.5 mm。如图 3-20 所示，混合 SIW-SSPPs 单元结构的色散曲线从一个低截止频率开始，逐渐收敛到一个高截止频率，表明其具有与上述太赫兹片上带通滤波器相似的色散特性。

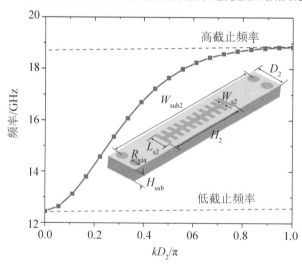

图 3-20   混合 SIW-SSPPs 的微波带通滤波器色散曲线

为了验证所提出的设计，如图 3-21(a)所示，制备了具有类八木天线型
SSPPs 和 SIW 的带通滤波器。整个滤波器尺寸为 22.6 mm×9.35 mm，混合
SIW-SSPPs 核心部分尺寸为 16.1 mm×8.4 mm。在测试过程中，将滤波器固定
在带有两个 K 连接器的微波测试夹具上，并使用 Agilent E8363B 矢量网络分析
仪进行测量。仿真和实测的 S 参数如图 3-21(b)所示，结果表明，在 13.5～
18.4 GHz 的通频带内，实测插入损耗小于 2 dB，回波损耗优于 10 dB。测试结
果与仿真结果具有较高的吻合度，二者之间的偏差主要是由于加工公差和与测
试夹具的连接误差造成的。

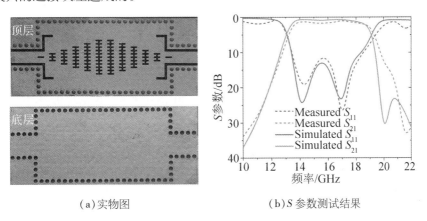

(a)实物图　　　　　　　(b)S 参数测试结果

图 3-21　混合 SIW-SSPPs 的微波带通滤波器

3.4 基于 VO$_2$-SSPPs 的太赫兹可调滤波器

二氧化钒(VO$_2$)薄膜具有优异而独特的可逆绝缘-金属相变特性，其理论
电导率在 40 S/m 至 $4×10^5$ S/m 之间变化。得益于独特的可调特性，VO$_2$ 薄膜
在集成太赫兹动态器件中具有巨大的应用潜力，如温控或电控的可调滤波器、
吸波器等。因此，本节提出了一种基于 VO$_2$ 薄膜的具有传输损耗动态可调的太
赫兹 SSPPs 带阻滤波器，并在 100～250 GHz 频率范围内进行了设计研究，验证

了该拓扑结构的可行性。该设计具有结构简单，调制深度高等特点，在太赫兹信号传输和调制领域具有潜在应用。

所设计的太赫兹可调 SSPPs 滤波器的拓扑结构如图 3-22 所示，整个基础结构是在如图 2-4 所示的 SSPPs 传输线上实现的。其由三部分组成：第一部分为具有 50 Ω 特征阻抗的共面波导（CPW）、第二部分为阶梯渐变过渡部分、第三部分由 7 个周期阵列分布的 SSPPs 单元组成。其中，CPW 为传输线馈电端口，阶梯渐变过渡部分用以实现 CPW 与 SSPPs 之间的阻抗和模式匹配。SSPPs 单元结构为中空型锯齿结构，为了实现对传输损耗的动态调控，在中空结构的中部添加一个矩形 VO_2 薄膜。当 VO_2 为绝缘态时，该结构表现为中空型 SSPPs 传输线特性；当 VO_2 为金属态时，该结构表现为叠加矩形互补谐振环（CSRR）特性的 SSPPs 带阻滤波器。本设计中，中空锯齿型 SSPPs 单元结构的参数为：$w_0 = 50\ \mu m$，$w = 140\ \mu m$，$w_s = 80\ \mu m$，$p = 200\ \mu m$，$h = 370\ \mu m$，$h_s = 250\ \mu m$。衬底材料为 50 μm 厚的石英（Quartz），介电常数为 3.75。SSPPs 滤波器的整体宽度和长度分别为 800 μm 和 5440 μm。

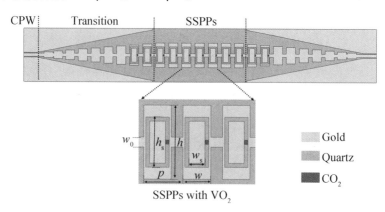

图 3-22　基于 VO_2 的可调太赫兹 SSPPs 滤波器拓扑结构示意图

采用商业软件的本征模求解器计算 SSPPs 单元结构的色散曲线。当 VO_2 为绝缘态时，如图 3-23 所示，所提出的中空型 SSPPs 表现为天然 SSPPs 的慢波特性：色散曲线均缓慢偏离光线，并逐渐接近不同的渐近频率，且随着锯齿长度 h 的增加，渐近频率逐渐降低，表现出更强的场束缚和增强特性。

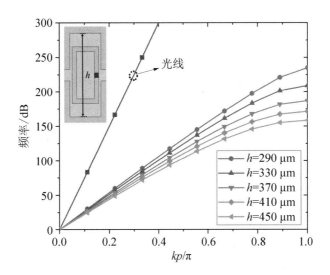

图 3-23　当 VO$_2$ 为绝缘态时所提出的中空型 SSPPs 单元结构的色散曲线仿真结果图

当 VO$_2$ 为金属态时，所提出的中空型 SSPPs 表现为 SSPPs 特性与 CSRR 特性的叠加状态。此状态下，相当于在 SSPPs 的金属锯齿中刻蚀出一个 CSRR，其中，CSRR 的谐振频率由中空结构长度 h_s 决定。如图 3-24 所示，随着 h_s 逐渐从 230 μm 增加至 270 μm，CSRR 的谐振频率逐渐从 160 GHz 降低至 142 GHz。因此，通过在锯齿型 SSPPs 中刻蚀 CSRR，可实现在 SSPPs 传输频段中叠加一陷波，即带阻频段。

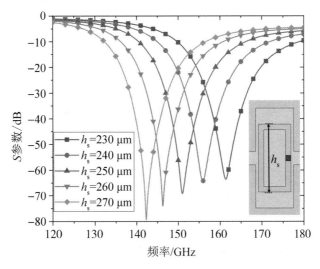

图 3-24　当 VO$_2$ 为金属态时所提出的中空型 SSPPs 单元结构的谐振点仿真结果图

基于上述分析,对图 3-22 中所提出的中空型 SSPPs 滤波器在 VO_2 处于绝缘-金属两种不同状态下的 S 参数进行了仿真。仿真结果如图 3-25 所示,当 VO_2 为绝缘态(insulating)时,该结构表现为天然的 SSPPs 传输线低通特性,其截止频率约为 200 GHz,与色散曲线仿真结果一致。当 VO_2 为金属态(conducting)时,该结构在 SSPPs 的天然低通特性的基础上,叠加了一个阻带,且在该阻带外,该结构与 SSPPs 具有相近的插入损耗和回波损耗。明显地,在 150 GHz 频点处,该结构的最大抑制深度约为 70 dB,这是由金属态 VO_2 引入的 7 个 CSRR 叠加导致的。此外,与上述混合 CSRR-SSPPs 的太赫兹带阻滤波器类似,通过增加中空型 SSPPs 的单元个数,可进一步提高阻带的抑制深度;通过叠加不同中空长度 h_s 的 CSRR,可以进一步实现宽带或多频特性。

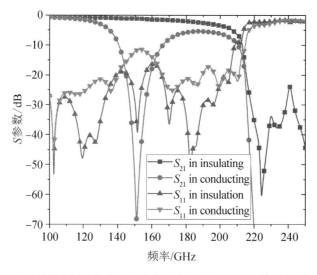

图 3-25 当 VO_2 处于绝缘-金属态时所提出的太赫兹可调 SSPPs 滤波器的 S 参数仿真结果

为了更深入地研究基于 VO_2-SSPPs 的太赫兹可调滤波器的传输特性,对不同 VO_2 状态下的电场分布进行了仿真。图 3-26(a)展示了当 VO_2 处于绝缘状态时 150 GHz 频点下的电场分布情况,从图中可以观察到,太赫兹波能够有效地通过整个滤波器,实现了有效的 CPW-SSPPs 之间模式转换以及 SSPPs 模式的传输。然而,当 VO_2 处于金属状态时,如图 3-26(b)所示,输入的 150 GHz 频点的太赫兹波在此情况下能够在有限的距离内传播,但逐渐凋落。这是由于,金

属态 VO_2 处的阻带将导致太赫兹波在 SSPPs 部分终止。通过对电场分布的观察，直观地验证所提出的太赫兹可调滤波器的出色性能。

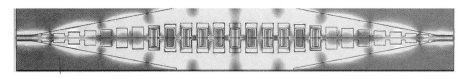

（a）绝缘态

（b）金属态

图3-26　当 VO_2 处于不同状态时的电场分布仿真结果

为了进一步展示基于 VO_2 的 SSPPs 传输线的动态调控特性，对处于不同 VO_2 电导率下的 SSPPs 传输线的插入损耗进行了分析。如图3-27 所示，分别设置 140 S/m、1×10^4 S/m、5×10^4 S/m、1×10^5 S/m 和 2×10^5 S/m 五种不同的电导率来模拟 VO_2 的绝缘-金属相变特性。明显地，随着电导率的逐渐增加，SSPPs 通带内的陷波逐渐显现，直至表现为金属 CSRR 的谐振状态。

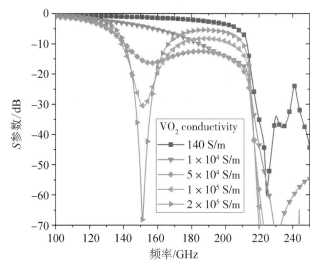

图3-27　不同 VO_2 电导率下 SSPPs 滤波器的 S_{21} 仿真结果图

3.5 本章小结

本章从基于 SSPPs 传输线的传播特性出发，对太赫兹 SSPPs 滤波器进行了深入研究。首先，基于第二章中设计的优化过渡锯齿型 SSPPs 传输线，开发了两种小型化的 SSPPs 带阻滤波器。第一种是采用混合 SRR-SSPPs 结构，在 SSPPs 单元结构的锯齿槽中加载 SRR 单元结构，实现了单阻带的滤波器，通过增加 SRR 个数可进一步提高滤波器抑制深度，通过改变 SRR 枝节长度可灵活调控滤波频带。第二种是采用混合 CSRR-SSPPs 结构，在 SSPPs 单元结构的锯齿金属面中刻蚀出 CSRR 单元结构可激发出 SSPPs 的一阶高次模，在基模和高次模之间存在一单频阻带。进一步地，通过在混合 CSRR-SSPPs 滤波器的阻带边缘加载相应频点的 SRR 结构，可实现抑制带宽和抑制深度的增强。该混合 SRR/CSRR-SSPPs 的太赫兹带阻滤波器具有与优化过渡锯齿型 SSPPs 传输线相同的占地面积，在紧凑的结构中实现了宽阻带特性。其次，通过结合 SIW 的高通特性和 SSPPs 的低通特性实现了混合 SIW-SSPPs 的带通滤波器。采用 InP 工艺，设计出了一款类八木天线型 SSPPs 单元结构。该结构可以有效地嵌入 SIW 结构进而实现工作频段在 208~265 GHz 的带通滤波器，通过单独调节 SSPPs 单元结构和 SIW 结构的尺寸，可实现对滤波器上下截止频率的灵活设计。最后，对基于 VO_2 的可调 SSPPs 滤波器进行了研究，在中空型 SSPPs 单元结构中引入矩形 VO_2 薄膜，实现了 SSPPs 传输线与 SSPPs 带阻滤波器的动态切换。同时，改变 VO_2 薄膜的电导率可实现滤波器抑制深度的实时调控。本章通过对太赫兹 SSPPs 滤波技术的深入研究，为未来太赫兹 SSPPs 的实际应用奠定了良好的基础。

第四章

基于 SSPPs 的太赫兹功率合成技术研究

4.1 引言

近年来，随着半导体晶体管和微加工工艺技术的逐渐成熟，太赫兹固态器件在无线通信、无损检测、医学成像、电子对抗、精密制导等领域得到迅速发展和应用。大功率固态太赫兹源是太赫兹系统用于信息感知、传输和检测的核心部件。当前，功率放大器单片能提供的输出功率还难以独自满足太赫兹系统需求的大功率输出，解决这个问题的一个有效途径是采用功率合成技术提高系统输出功率。该技术是将单个功率放大器单片输出的功率通过功率分配/合成网络合成输出，从而增大系统的输出功率。

矩形波导具有低损耗和高功率容量的特点，是太赫兹模块和系统的标准传输和互联手段。目前，基于矩形波导的太赫兹功率合成结构主要包括 T 型结、魔 T 和定向耦合器。通常情况下，为了提高输出端口的隔离度或实现隔离端口的电磁能量吸收，需要在端口添加额外的元件，如电阻薄膜或楔形/锥形吸波材料[200]-[207]。然而，这些额外的元件很难精准地组装在隔离端口中，且会带来附加的制造成本和插入损耗。为此，本章提出了一种基于混合金属镍（nickel，Ni）的电磁损耗特性和 SSPPs 的低通特性的太赫兹平面传输结构，该传输结构可以在高频范围内实现对太赫兹波的完美吸收，且具有制备方便、结构紧凑、装配简易等优点。进一步地，将这种 Ni-SSPPs 结构应用在太赫兹功率合成模块中，验证了其在太赫兹模块和系统中的实用性：首先，通过将 Ni-SSPPs 传输结构与 H 臂微带探针相连，实现了具有高隔离度的太赫兹 T 型结功分结构，并通过金丝键合的方式验证了 Gold-SSPPs 传输线与 TMICs 芯片的互联，在 200～230 GHz 频率范围内制备了功率合成模块。接下来，将 Ni-SSPPs 结构缩放至毫米波频段，验证了其在 3 mm 波段的高隔离度 T 型结功分应用，同时通过结合 TMICs 倍频芯片，研制了一款工作在 170～220 GHz 频率范围内的倍频合成模块。最后，提出了一种嵌入波导式的 Ni-SSPPs 匹配负载结构，将该结构放置在定向耦合器的隔离端口，在 3 mm 波段实现了两路功率合成模块的研制。

4.2 基于金属镍的吸收型太赫兹 SSPPs 平面传输结构

4.2.1 金属镍传输线的损耗特性

金属镍传输线通常比传统的金属金和金属铜等传输线具有更大的损耗，这主要是由于以下几个方面的原因。(1)磁损耗：金属镍相对于金和铜等传统金属来说，具有较高的磁导率，金属镍传输线会产生额外的磁损耗，磁损耗会引起传输线的能量损耗和信号衰减；(2)电导率差异：金属镍相对于金和铜来说具有较低的电导率，其单位长度的相对电阻会更大，从而导致更大的电阻损耗；(3)趋肤效应：金属镍传输线由于其相对较低的电导率，高频信号更容易集中在金属导线表面附近，而内部的电流较小，趋肤效应引起的高频信号衰减更快，导致更大的能量损耗。

定量地，相同衬底和尺寸的金属传输线的表面损耗由金属的电导率 σ 和磁导率 μ 决定，它们满足以下关系式：

$$\text{los } s \propto \frac{1}{2}\sqrt{\frac{\pi\mu f}{\sigma}} \tag{4-1}$$

金属金、铜、镍的电导率分别为 4.1×10^7 S/m、5.8×10^7 S/m 和 1.44×10^7 S/m，磁导率分别为 $1\mu_0$、$1\mu_0$ 和 $600\mu_0$，其中 $\mu_0 = 4\pi \times 10^{-7}$ H/m。因此，根据式(4-1)可计算得出，在相同频率下，金属镍传输线的金属表面损耗是金和铜的约42.5倍和49.8倍。

在基于有限元法的商业仿真软件中，对50 μm厚度石英衬底上的金属传输线进行仿真，仿真结果如图4-1所示。在相同微带线尺寸下，单位长度的金属镍传输线的插入损耗为3.36 dB/mm@220 GHz，而金属金和金属铜对应的插入损耗分别为0.17 dB/mm@220 GHz和0.14 dB/mm@220 GHz，这与式(4-1)所描述的理论损耗值是相对应的。

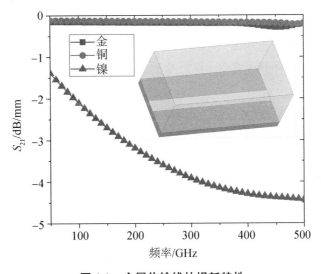

图 4-1　金属传输线的损耗特性

接下来进一步分析了不同金属磁导率和电导率下，微带线的传输损耗。如图4-2(a)所示，当固定电导率为 1.44×10^7 S/m时，对不同金属磁导率下的传输损耗进行了分析，随着磁导率从 $200\mu_0$ 逐渐增加至 $1\,000\mu_0$，传输线的损耗逐渐从2 dB/mm@220 GHz递增至3.9 dB/mm@220 GHz；如图4-2(b)所示，当固定磁导率为 $1\mu_0$ 时，对不同金属电导率下的传输损耗进行了分析，随着电导率从 1×10^6 S/m逐渐增加至 3×10^7 S/m，传输线的损耗逐渐从4 dB/mm@

220 GHz 递减至 0.4 dB/mm@ 220 GHz。

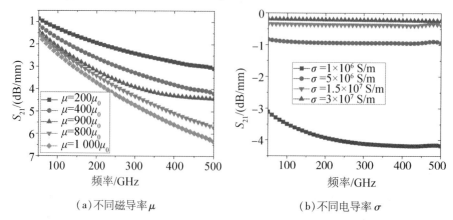

（a）不同磁导率 μ （b）不同电导率 σ

图4-2　不同金属材料特性下微带线的传输损耗

综上所述，具有低电导率和高磁导率的金属镍传输线比传统的金、铜等传输线具有更高的电磁损耗，且频率越高，电磁损耗越大。这种金属镍的损耗特性导致其难以应用于太赫兹信号的低损传输，但在某些特定领域，如电磁波损耗与吸收，却具有独特的优势。

4.2.2　基于金属镍的吸收型太赫兹 SSPPs 平面传输结构

根据上述分析，金属镍的天然电磁特性可实现对太赫兹信号的有效传输耗散，而 SSPPs 的天然阻带特性可实现对太赫兹波的传输抑制。因此，采用金属镍制备的 SSPPs 传输结构可为太赫兹平面电磁信号的吸收提供一种全新的思路：（1）金属镍的趋肤效应特性与 SSPPs 的强场束缚特性相呼应，可将电磁信号紧密约束在金属表面；（2）约束在金属镍表面传输的太赫兹信号可被金属镍的电磁损耗特性所耗散；（3）由于 SSPPs 的天然带阻特性，属于阻带频率范围内的太赫兹信号无法通过 SSPPs 传输结构而被反射，反射过程中再次被金属镍所耗散。

接下来，本章将对基于金属镍的吸收型太赫兹阻带 SSPPs 平面传输结构进行研究，并对其在太赫兹功率合成技术中的应用进行探索。

4.2.2.1　太赫兹阻带 SSPPs 传输结构设计

所提出的阻带 SSPPs 传输线的几何结构如图4-3（a）所示。阻带 SSPPs 由两

个深度 h 为 240 μm 的锯齿槽结构 SSPPs 单元、一个 30 级阶梯渐变 SSPPs 单元的过渡结构和一个 50 Ω 标准微带线馈电结构组成。采用厚度为 1 μm 金属在厚度为 50 μm 的石英衬底上制备，石英衬底底部为接地的金属面。优化后的几何参数为：$w_{ms} = 100$ μm，$h_0 = 8$ μm，$s_0 = 10$ μm，$w_0 = 10$ μm，$h = 240$ μm。利用商用软件的本征模求解器计算 SSPPs 单元的色散曲线。在仿真中，将 SSPPs 单元胞置于传输方向有周期边界、其他方向有电边界的空气箱中，通过 $0° \sim 180°$ 扫相计算本征频率。图 4-3(b) 描述了不同锯齿槽深度 h 下所提出的阻带 SSPPs 单元的色散曲线。明显地，几何参数 h 可以灵活控制 SSPPs 单元的色散特性，随着渐进频率的减小，SSPPs 表现出更强的场约束和增强能力。

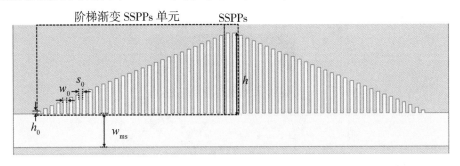

(a)结构示意图

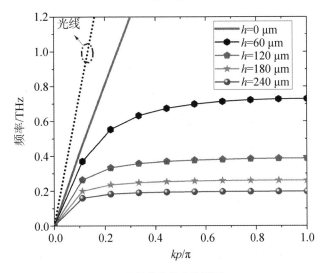

(b)色散曲线仿真结果图

图 4-3 阻带 SSPPs 传输线

低电导率(1.45×10^7 S/m)、大磁导率($600\mu_0$，其中 $\mu_0 = 4\pi \times 10^{-7}$ H/m)的金属镍会显著增加传输线的欧姆损耗。在这种情况下，结合 SSPPs 的天然阻带和金属镍的高天然欧姆损耗，可以很好地吸收太赫兹波的电磁能量。所设计的阻带 SSPPs 的仿真 S 参数（S_{21}，S_{11}）和吸收率（A）如图 4-4 所示，显然，在 150 GHz 到 400 GHz 范围内，该结构的插入损耗和回波损耗均大于 20 dB，实现了几乎 100% 的宽带吸收特性。从场分布图可知，在 200 GHz 时，由于 SSPPs 的天然低通截止特性，入射的太赫兹电场能量在 SSPPs 单元结构中迅速凋落，进而导致传输截止。而截止后再反射回去的电磁能量又被金属镍的欧姆损耗二次耗散，最终导致电磁能量被完全束缚在阻带 SSPPs 传输线中。

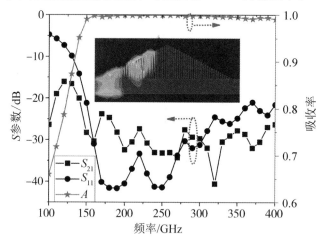

图 4-4　阻带 SSPPs 传输线的仿真 S 参数和吸收率结果图

如图 4-5(a) 所示，对比了不同锯齿槽深度 h 下的阻带 SSPPs 的吸收能量。明显地，在没有 SSPPs 结构时，即纯金属镍的标准 50 Ω 微带线（$h = 0$ μm）不能提供足够的吸收率。在 100 ~ 400 GHz 频率范围内，这种只依靠镍的天然欧姆损耗导致的能量吸收效率仅为 48% ~ 74%。随着锯齿槽深度 h 的增加，SSPPs 的截止频率逐渐下降，SSPPs 的天然低通特性将与金属镍的天然损耗特性相结合。这种结合将导致吸收频率范围拓宽至 150 ~ 400 GHz，且带内吸收率逐渐增加，直至实现几乎 100% 的完美吸收。可预见地，通过增加基片宽度，进一步增加锯齿深度 h，可将吸收范围拓展至毫米波频段，该特性的应用将在下节详细阐述。

如图4-5(b)所示，对比了该带阻 SSPPs 传输线在不同金属材料下的传输特性。当金属材料为金(Gold)时，阻带 SSPPs 传输线的插入损耗在 200~400 GHz 频率范围内大于 10 dB，回波损耗在 100~300 GHz 频率范围内优于 10 dB。这表明，Gold-SSPPs 传输线仅在 200~300 GHz 频率范围内实现了80%的太赫兹能量吸收，这种能量吸收主要是传输结构中的介质损耗和金属损耗导致的。当将金属材料替换为金属镍(Ni)时，该阻带 SSPPs 传输线可在 150~400 GHz 的频率范围内实现几乎100%的完美吸收。因此，SSPPs 的亚波长束缚和镍金属的巨大欧姆损耗可为实现超宽带和紧凑的太赫兹波导负载提供一种全新的方法。

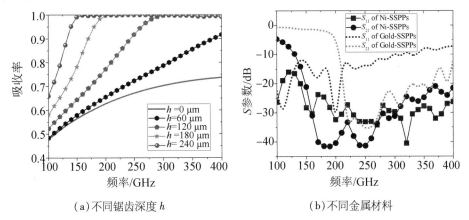

(a)不同锯齿深度 h   (b)不同金属材料

图4-5 不同锯齿深度 h 下阻带 SSPPs 的吸收特性及不同金属材料下的吸收特性对比图

4.2.2.2 毫米波阻带 SSPPs 传输结构设计

通过改变阻带 SSPPs 传输线的尺寸参数，可将该结构的吸收范围拓展至毫米波频段。所提出的毫米波阻带 SSPPs 传输线的结构如图4-6 所示，与图4-3 中所描述的太赫兹阻带 SSPPs 传输线类似。毫米波阻带 SSPPs 由两个深度 h 为 520 μm 的锯齿槽结构 SSPPs 单元、一个30级阶梯渐变 SSPPs 单元的过渡结构和一个宽度 w_0 为 100 μm 的 50 Ω 标准微带线馈电结构组成。该 SSPPs 传输线的其余尺寸参数与太赫兹阻带 SSPPs 相同。同样利用商用软件的本征模求解器计算 SSPPs 单元的色散曲线。如图4-7(a)所示，描述了不同锯齿槽深度 h 下所提出的阻带 SSPPs 单元的色散曲线。明显地，通过增加基片宽度，进一步增加锯齿深度 h，可将 SSPPs 的截止频率降低至毫米波频段。当 h 为 520 μm 时，

SSPPs 的截止频率为 91 GHz，随着 h 增加至 600 μm，截止频率降低至 79 GHz。所设计的毫米波阻带 SSPPs 的仿真 S 参数(S_{21}，S_{11})和吸收率(A)如图 4-7(b)所示。显然，在 85 GHz 到 300 GHz 范围内，该结构的插入损耗和回波损耗均大于 18 dB，实现了 99% 的宽带吸收特性。

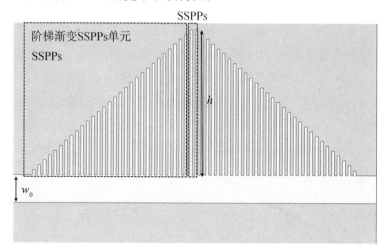

图 4-6　毫米波阻带 SSPPs 传输线结构示意图

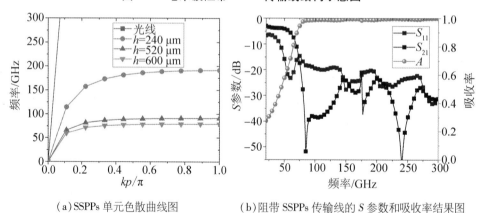

(a)SSPPs 单元色散曲线图　　　　(b)阻带 SSPPs 传输线的 S 参数和吸收率结果图

图 4-7　毫米波阻带 SSPPs 传输线的仿真结果

接下来，本章将这种阻带 Ni-SSPPs 传输结构首次应用在太赫兹功率合成模块中，验证其在太赫兹模块和系统中的实用性，并结合 TMICs 芯片，对该思想在 220 GHz 功率合成模块、220 GHz 倍频合成模块以及 3 mm 定向耦合合成模块中进行实验验证。

4.3 基于 SSPPs 的太赫兹 T 型结功率合成模块

E 面波导 T 型结具有结构简单、易于与 TMICs 集成等优点，是目前应用最广泛的功率分配/合成结构。然而，纯 E 面波导 T 型结存在隔离度差（通常仅为 6 dB）、输出端口不匹配等问题，在功率合成应用中容易导致放大器工作不稳定。为了解决这个问题，可以在简易的 T 型结中引入楔形或锥形吸波材料。然而，薄片材料很难在 T 型结中垂直组装，并且它可能会吸收一些入射功率，从而导致额外的插入损耗。如图4-8 所示，在 T 型结的 H 臂处开窗并引入匹配负载端口，是实现高隔离度 T 型结的一种有效形式。然而这种方式也不可避免需要引入薄膜电阻或吸波材料，这些额外元件引入将进一步提高装配的难度和器件的研发成本。此外，传统薄膜电阻在太赫兹频段的寄生效应将不容忽视。为此，本书提出了一种基于 SSPPs 结构的高隔离度太赫兹 T 型结功率合成技术。

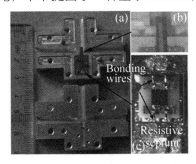 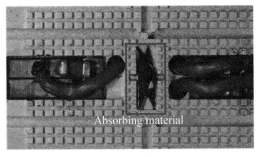

（a）添加薄膜电阻[207]　　　　　　（b）添加楔形/锥形吸波材料

图4-8　传统功率合成技术中采用的提高隔离度或实现隔离端口电磁信号吸收的方式

4.3.1 整体构架

所提出的基于 SSPPs 的太赫兹 T 型结功率合成模块的整体构架如图4-9 所示，它由两个背靠背波导 T 型结功分器（Power divider）和两个太赫兹功率放大单片（Terahertz power amplifier）组成。输入太赫兹波的电磁能量被波导 T 型结功分器等分为两个通道，通过弯曲矩形波导沿横向传输，并通过偶极子天线耦合到平面传输线上。平面传输线为 SSPPs 传输线，其 SSPPs 模式在金属和衬底接触面上被激发和传播，并通过太赫兹功率放大芯片放大，然后再通过偶极子天线耦合到矩形波导上。最后，两个放大的电磁能量信号通过背靠背的 T 型结功分器组合输出高功率太赫兹信号。

在该结构中，在石英衬底上刻蚀金属镍制成了阻带 SSPPs 结构(Nickel-based SSPPs)，并将其组装在波导 T 型结功分器的隔离端口中。该 SSPPs 结构连接至一微带探针，再将探针插入波导 H 臂中作为波导 T 型结功分器的匹配负载。SSPPs 传输线(Gold-based SSPPs)是由石英衬底上的金属金制成的，该传输线及其与矩形波导的过渡采用的是第 2.3 节中设计的基于偶极子天线的小型化 RWG-SSPPs 模式转换结构。此外，利用金丝键合技术实现了 SSPPs 传输线与太赫兹功率放大单片器件之间的互连，这表明 TMICs 器件可以实现 SSPPs 模式在太赫兹频率上的功率放大和非线性转换。

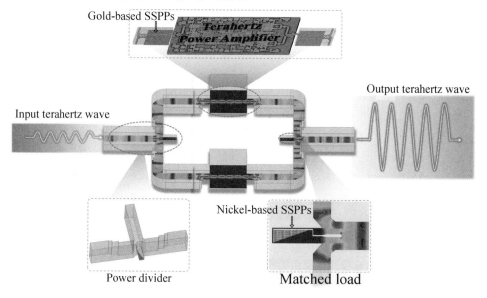

图 4-9 基于 SSPPs 的太赫兹 T 型结功率合成整体结构

本节所提出的太赫兹功率合成器中，同时利用了 SSPPs 的天然阻带和传输特性。具体来说，SSPPs 的阻带特性和金属镍的磁损耗特性可以结合起来实现对太赫兹波的完美吸收，并将其作为 T 型结功分器的匹配负载，以提高输出端口之间的隔离度。利用 SSPPs 的传输特性，可以传播具有低损耗和亚波长束缚效应的太赫兹波，也可以通过太赫兹功率放大器芯片进行放大。该设计为高集成度和高功率的太赫兹固态源提供了全新思路。

4.3.2 各结构部分设计

4.3.2.1 基于SSPPs的高隔离度T型结功分器设计

上述分析表明，金属镍制备的 SSPPs 可以在太赫兹频率下实现完美的吸收，这为克服长期存在的矩形波导 T 型结功分器的隔离问题提供了一种新的方法。如图 4-10(a)所示，从端口 1(Port 1)输入的太赫兹信号被均匀地分成两个分支波导，每个分支中采用三阶渐变波导结构(Iris)来调谐 T 型结所产生的不连续性，进而实现阻抗匹配和回波优化。采用与图 4-3(a)中相同的阻带 SSPPs 微结构(Stopband-SSPPs)，并将其组装在波导 T 型结功分器的隔离端口(Isolation port)中。SSPPs 微结构通过一节折叠线连接到微带探针(Probe)上，探针插入矩形波导的 H 臂作为功分器的匹配负载。在这种情况下，从端口 2(Port 2)和端口 3(Port 3)反射回波导的太赫兹波可以被微带探针有效捕获，并传输至端接的阻带 SSPPs 微结构直至完全吸收，进而为两输出端口之间提供高隔离特性。在本设计中，石英衬底的宽度和长度分别为 280 μm 和 1200 μm。优化后的几何参数如下：探针宽度 $w_p = 90$ μm，探针长度 $l_{p1} = 240$ μm，阻抗渐变线长度 $l_{p2} = 100$ μm，折叠型长度 $l_q = 150$ μm，折叠线宽度为 10 μm，矩形波导为标准的 WR4 波导，尺寸为 1092 μm × 546 μm。基于 SSPPs 的高隔离度 T 型结功分器的仿真结果图 4-10(b)所示，在 200 GHz 到 240 GHz 的频率范围内，从 Port 1 到 Port 2 和 Port 3 的插入损耗均小于 3.1 dB(附加插入损耗小于 0.1 dB)，带内回波损耗均优于 15 dB，展现出优异的功分传输性能。与没有隔离手段的纯波导 T 型结功分器相比，通过在隔离口插入阻带 SSPPs 微结构，Port 2 和 Port 3 之间的隔离度(S_{32})可以从 6 dB 提高到大约 18 dB，展现出良好的端口隔离特性。

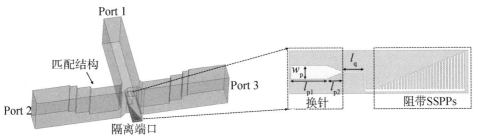

(a)结构示意图

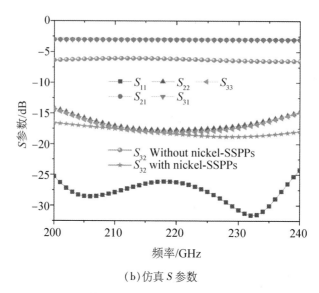

（b）仿真 S 参数

图 4-10　基于 SSPPs 的高隔离度 T 型结功分器

如图 4-11 所示，对不同探针宽度 w_p 和不同探针长度 l_{p1} 下 T 型结功分器的端口隔离度进行了仿真对比。仿真结果表明，随着探针宽度 w_p 和长度 l_{p1} 分别逐渐从 70 μm 增加至 110 μm 和 200 μm 增加至 280 μm，两输出端口之间的隔离度 S_{32} 呈现先逐渐降低再逐渐升高的趋势。因此，我们通过合理优化并选择探针宽度 w_p 和长度 l_{p1} 的尺寸，可实现端口的高隔离度设计。

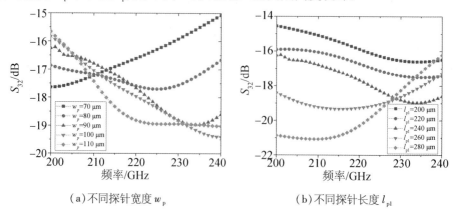

（a）不同探针宽度 w_p 　　　　　　（b）不同探针长度 l_{p1}

图 4-11　不同结构参数下的端口隔离度

4.3.2.2　背靠背功率合成网络设计

利用所提出的波导 T 型结功分器和 RWG-SSPPs 模式转换结构，构建了基于 SSPPs 的背靠背功率合成网络，用以模拟功率合成模块在无 TMICs 芯片下的所有路径传输性能。如图 4-12（a）所示，采用一节弯曲波导将波导 T 型结功分器的输出端口转换至横向方向，再利用在第 2.3 节中提出的基于偶极子天线的小型化 RWG-SSPPs 模式转换结构将波导能量耦合至平面 SSPPs 传输线。在该背靠背网络中，镀镍的金属用①表示，镀金的金属用②表示。该 SSPPs 传输线的结构尺寸与图 2-9 相同。这种镀金的 SSPPs 传输线的场束缚能量会导致该结构的传输损耗略大于微带波导和共面波导，但这种程度在工程应用中是可以接受的，并且可以通过后续放大芯片来补偿。此外，在实际应用中，由于 SSPPs 独特的可调色散特性，可以考虑在场约束能力和低损耗要求之间进行权衡，以设计合适的 SSPPs 传输线结构。背靠背功率合成网络的尺寸参数见表 4-1 所列。

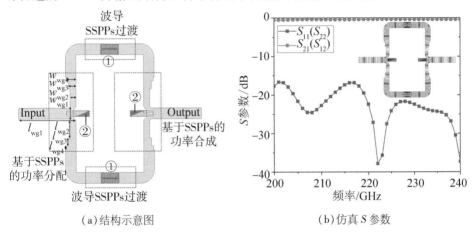

（a）结构示意图　　　　　　　　　　（b）仿真 S 参数

图 4-12　基于 SSPPs 的背靠背功率合成网络

表 4-1　背靠背功率合成网络的尺寸参数

参数	l_{wg1}	l_{wg2}	l_{wg3}	l_{wg4}	w_{wg1}	w_{wg2}	w_{wg3}	w_{wg4}
数值/μm	3000	900	400	200	700	300	400	500

仿真结果如图 4-12（b）所示，在 200 ~ 240 GHz 频率范围内，该背靠背功率合成网络的插入损耗小于 0.6 dB，带内回波损耗优于 16 dB，表现出了优异的传输性能。在 220 GHz 频率下的电场能量分布表明，波导输入的电磁能量通过 T 型结分为两个支路信号，这些支路信号由偶极天线耦合到平面 SSPPs 传输线，再通过 T 型结实现信号合成并输出。

4.3.2.3　SSPPs 与 TMICs 的互连

本节功率合成模块中采用的 TMICs 是基于 InP 工艺的国产功率放大器芯

片，该芯片的标准工作频率为 210～230 GHz，芯片长度为 2.9 mm，宽度为 1.84 mm，厚度为 50 μm。采用金丝键合的方式实现 SSPPs 与 MMICs 的互连已在文献[33]中报道，但这种互连方式是否同样能在太赫兹频段适用于 TMICs 仍是一个认知盲区。因此，为了模拟 SSPPs 传输线与 TMICs 的金丝键合互连，如图 4-13(a)所示，在 50 μm 厚的 InP 衬底上用 50 Ω 标准微带线模拟功率放大器芯片的传输功能，其他尺寸与芯片实际尺寸保持一致。采用推荐的直径为 18 μm 的键合丝将 SSPPs 的锯齿金属与放大芯片的输入输出 Pad 连接，键合丝的拱高为 h_{bond}。仿真结果如图 4-13(b)所示，在 210～230 GHz 频率范围内，SSPPs 与 TMICs 互连的背靠背插入损耗小于 2 dB，回波损耗优于 10 dB。此外，对不同拱高 h_{bond} 下的 S 参数进行了仿真，仿真结果表明，随着拱高 h_{bond} 在 10 μm 至 30 μm 之间变化，互连的传输特性几乎不受影响。该研究验证了在 220 GHz 频段下，采用金丝键合的方式实现 SSPPs 传输线与 TMICs 的互连，这种互连可以实现 SSPPs 模式的信号放大或非线性转换。这为未来太赫兹 SSPPs 传输线在高集成度和高功率的太赫兹固态系统中的实际应用打下了坚实的基础。

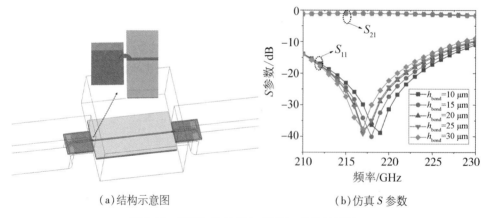

(a)结构示意图　　　　　　　(b)仿真 S 参数

图 4-13　SSPPs 传输线与 TMICs 芯片的互连

4.3.2.4　功率放大芯片的直流稳压馈电电路设计

本节采用的两个太赫兹功率放大芯片的标准工作环境均为漏压 V_d = 2.2 V，漏流 I_d = 306 mA，栅压约为 − 0.3 V。如图 4-14 所示，使用输出电压可调的稳压芯片将直流源输入的 4 V 电压转换为功分芯片漏压 2.2 V；采用正压转换为负压芯片得到 − 4 V 电压，再由负稳压芯片将负压转换为 − 0.3 V。为了保证功放芯片在工作时具有先加栅压后加漏压、断电时先去漏压再去栅压的时序状态，使用 MOS 管和三极管来实现时序控制，其中 − 4 V 电压和三极管发射极连接，+4 V 电压和 MOS 管源极相连。其工作原理为：加电时，三极管基极和发射极产生压差，使三极管集电极和发射极导通，从而使 MOS 管栅极和源极产生压差，MOS 管漏极导通并输出 +4 V 电压，进而实现先加栅压后加漏压的加电时序；去电时，由于功放芯片漏极在吸收电流，而栅极开路，所以栅极的电容释放电荷的时间会更长，从而实现了先去漏压后去栅压的去电时序。这种直流稳压馈电方式具有为功放芯片提供稳定电压值、纹波滤除、时序保护等优点。

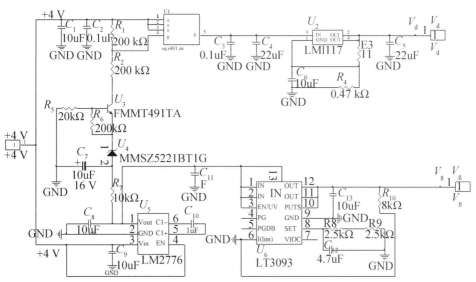

（a）PCB 原理图

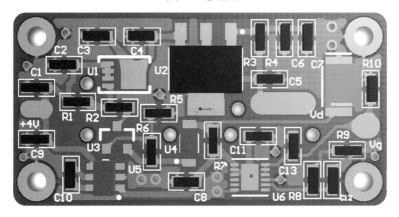

（b）PCB 版图

图 4-14   功率放大芯片的直流稳压电路

4.3.3 加工装配及测试

4.3.3.1 基于SSPPs的太赫兹T型结功分器及背靠背网络测试

在完成上述电路设计后,使用三维绘图软件SolidWorks绘制三维加工图。如图4-15和图4-16所示,基于SSPPs的太赫兹T型结功分器及背靠背网络模块均采用硬铝材料加工,从矩形波导E面中心剖分为上下腔体块。上下腔体块加工完成后,首先将镀镍的阻带SSPPs和镀金的SSPPs传输线基片用导电银胶粘贴在下腔体的相应位置,然后,将两腔体块通过销钉完成定位并使用螺钉完成连接和固定。

(a)功分器整体外形图　　　(b)功分器　　　(c)功分器内部基片图
　　　　　　　　　　　　　上下腔体图

图4-15　基于SSPPs的太赫兹T型结功分器模块

(a)背靠背模块外形图　　　(b)背靠背模　　　(c)背靠背模块内部基片图
　　　　　　　　　　　　　块上下腔体图

图4-16　基于SSPPs的太赫兹T型结背靠背网络模块

在测量中,将矩形波导的法兰连接到带有170～260 GHz扩频模块的Rohde&Schwarz ZVA67矢量网络分析仪的端口。实测的T型结功分器及背靠背

网络模块 S 参数如图4-17 和图4-18 所示。显然，在200 GHz 到240 GHz 的频率范围内，Port1 到 Port2 和 Port3 的插入损耗几乎一致，损耗在 3.3 dB 左右（含 3 dB固有损耗），幅度一致性优于 0.3 dB。Port1 的带内回波损耗优于 20 dB，Port2 和 Port3 的带内回波损耗优于 13.3 dB。关键是 Port2 和 Port3 之间的实测隔离度 $|S_{32}|$ 在工作频率上为 14.6 ~ 21.1 dB，均值为 18 dB，这验证了阻带 SSPPs 作为匹配负载实现波导 T 型结功分器高隔离度的实用性。如图 4-18 所示，背对背网络模块的插入损耗在 1.5 dB 左右，在 200 GHz 到 240 GHz 的频率范围内波动小于 0.5 dB，带内回波损耗优于 15 dB。两个模块的实测结果与仿真结果均具有较高的吻合度。

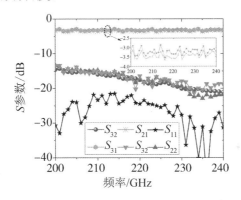

图 4-17　基于 SSPPs 的太赫兹 T 型结功分器模块测试结果

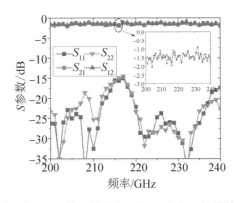

图 4-18　基于 SSPPs 的太赫兹 T 型结背靠背网络模块测试结果

4.3.3.2　基于 SSPPs 的太赫兹功率合成模块测试

所制备的基于 SSPPs 的太赫兹功率合成器的整体外形图和内部腔的图像分

别如图 4-19（a）和图 4-19（b）所示，整个功率合成模块分为上腔体（Top waveguide）、下腔体（Bottom waveguide）以及直流稳压盖板（Bias cover board）三部分组成，三块腔体均采用镀金铜材料加工。直流稳压板安装在下腔体背面的偏置腔（Bias cavity）内，并通过高温导线与射频偏置电路（RF Bias circuit）相连。本设计中，直流稳压板和射频偏置电路分别采用厚度为 1 mm 的 FR4 和厚度为 0.254 mm 的 Rogers 5880 加工，其目的是为功率放大芯片提供外部偏置输入电压。其中，每个功率放大芯片的射频偏置电路由三个 10 μF 的贴片电容、三个 1 000 pF 的单层芯片电容以及三个 100 pF 的单层芯片电容组成，且芯片电容应尽可能靠近芯片的键合压点。如图 4-19(c)、图 4-19(d) 和图 4-19(e) 所示为基于阻带 SSPPs 的高隔离度 T 型结功分结构、功放芯片内部图和 SSPPs 传输线与芯片互连图。功放芯片、SSPPs 基片和 Rogers 5880 基片均采用导电银胶粘贴在下腔体相应位置，各器件均采用金丝线（Gold wire）键合连接。

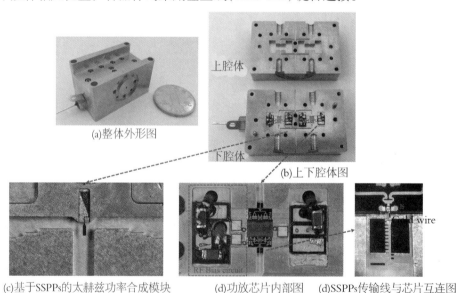

(a)整体外形图

上腔体

下腔体

(b)上下腔体图

(c)基于SSPPs的太赫兹功率合成模块　　(d)功放芯片内部图　(d)SSPPs传输线与芯片互连图

图 4-19　基于 SSPPs 的太赫兹功率合成模块

如图 4-20 所示，将待测功率合成模块与具有 30 dB 衰减的衰减器级联，采用矢量网络分析仪对功率合成模块的小信号增益进行测试。如图 4-21 所示，在 202 GHz 至 218 GHz 的 3 dB 增益带宽频率范围内，功率合成器的平均增益（黑色实线）约为 18 dB，在 212 GHz 时的最大值为 22.1 dB，相对带宽为 7.6%。同时，与单功放芯片模块相比（红色虚线），二者具有相近的增益值和增益曲线趋势。功率合成模块的增益波动主要取决于两块功率放大器芯片的性能一致性和功率合成结构的幅相一致性。

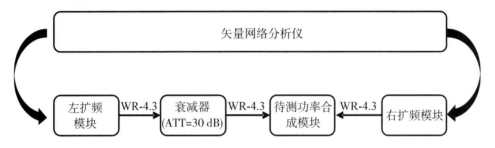

图 4-20　基于 SSPPs 的太赫兹功率合成模块增益测试配置图

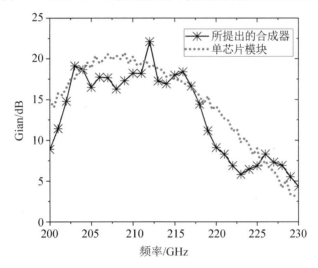

图 4-21　基于 SSPPs 的太赫兹功率合成模块增益测试图

如图 4-22 所示，测试功率合成模块的饱和输出功率的测试仪器包括微波信号源、直流稳压源、太赫兹功率计、毫米波二倍频放大模块、太赫兹三倍频模块和太赫兹驱动放大模块。在该测试配置中，微波信号源输出 33.3 ~ 38.3 GHz的微波信号，经过毫米波二倍频放大模块和太赫兹三频模块后输出 200 ~ 230 GHz的弱太赫兹信号，然后使用太赫兹驱动放大器模块来放大微弱的太赫兹信号，进而将待测功率合成模块的输出功率推饱和。此外，直流稳压源为每个有源模块提供稳定的电压。

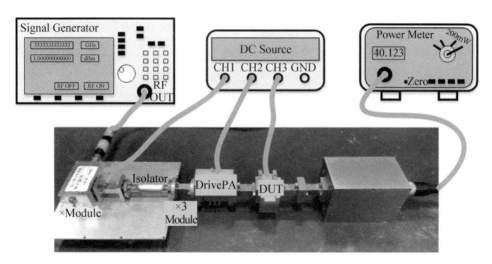

图 4-22　基于 SSPPs 的太赫兹功率合成模块的输出功率测试配置图

测试结果如图 4-23 所示，在 209～217 GHz 频率范围内，基于 SSPPs 的太赫兹功率合成模块的饱和输出功率(实线)大于 50 mW，即 17 dBm 其中，在 214 GHz 时达到最大值 65 mW，即 18.1 dBm。此外，对单独制备的单功率放大芯片模块进行了测试，测试结果表明，单功率放大芯片模块的带内饱和输出功率(曲线中的虚线)仅为 23 mW(13.7 dBm)至 41 mW(16.1 dBm)。因此，该功率合成模块有效地提高了输出功率，平均合成效率高达 87%，验证了该设计的实用性。

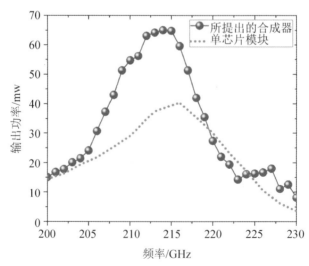

图 4-23　基于 SSPPs 的太赫兹功率合成模块的输出功率测试结果图

与现有的基于矩形波导的毫米波和太赫兹的功率合成器的比较，见表 4-2 所列。结果表明，如文献[200]和[201]中所示，纯 T 型结功分结构的隔离度仅为 6 dB，这种低隔离度功分结构在功率合成应用中容易导致放大器工作不稳定，从而导致合成效率低、烧坏芯片等情况。通过引入 TaN、TiN 电阻隔膜或楔形吸波材料等附加元件，隔离度可提高到 15 dB 至 20 dB，但这些额外元件的引入将进一步提高装配的难度和器件的研发成本。显然，本节提出的基于 SSPPs 的功率合成模块具有良好的隔离度(18 dB)和较高的平均合成效率(87%)。此外，该功率合成模块还具有装配简便、制备难度低等特点，且该模块同时利用了 SSPPs 的阻带特性和传输特性，为 SSPPs 在未来高集成太赫兹固态系统中的实际应用做出了有效的尝试。

表 4-2 工作在毫米波频段以上的功率合成模块的性能比较

文献	频率/GHz	路数	结构	S_{21}/dB	S_{11}/dB	S_{22}/dB	隔离技术	隔离/dB	输出功率/mW	合成效率
[200]	220	4	T 型结	1	—	6	—	6	170	80%
[203]	100	2	魔 T	0.7	15	15	楔型吸波器	15	—	—
[205]	80	8	T 型结	0.5	10	10	楔型吸波器	20	—	—
[206]	185	2	T 型结	0.3	20	20	TiN 电阻膜	16	—	—
[207]	30	2	T 型结	0.2	17	17	50 Ω 电阻	20	—	—
本研究	215	2	T 型结	0.3	20	18	阻带 SSPPs	18	65	87%

4.4 基于 SSPPs 的太赫兹 T 型结倍频合成模块

4.4.1 整体架构

进一步研究，将太赫兹阻带 SSPPs 传输线和毫米波阻带 SSPPs 结合在一起，开发了一款基于 SSPPs 的太赫兹 T 型结倍频合成模块。

基于 SSPPs 的太赫兹 T 型结倍频合成模块的整体结构如图 4-24 所示，它由一个毫米波 T 型结功分器(Millimeter wave power divider)、太赫兹 T 型结功分器

（Terahertz power divider）和两个太赫兹单片集成倍频芯片（TMICs frequency doubler）组成。输入毫米波的电磁能量被波导 T 型结功分器等分为两个通道，通过弯曲矩形波导沿横向传输，并利用基于楔形膜片的波导微带转换结构耦合至倍频单片的 E 面探针上。毫米波信号通过平面微带线传播，二次谐波由集成 Anti-Erickson 平衡式二倍频结构产生，并直接输出至波导内。最后，两个产生的太赫兹电磁能量信号通过太赫兹 T 型结合成器合成并输出高功率太赫兹信号。

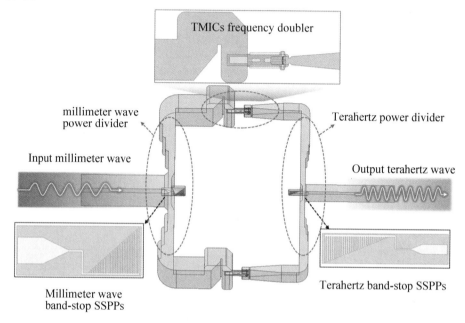

图 4-24　基于 SSPPs 的太赫兹 T 型结倍频合成模块整体结构

在该结构中，在石英衬底上刻蚀金属镍制成了两种阻带 SSPPs 结构，分别为毫米波阻带 SSPPs（Millimeter wave band-stop SSPPs）和太赫兹阻带 SSPPs（Terahertz band-stop SSPPs），并将其分别组装在相应波导 T 型结功分器的隔离端口中。与上节类似，阻带 SSPPs 结构连接至一微带探针，再将探针插入波导 H 臂中作为波导 T 型结功分器的匹配负载。太赫兹单片集成倍频芯片是采用国产 GaAs 工艺制备的，电路结构主要包括集成的 E 面探针、高低阻抗微带线匹配结构和同向串联的 6 个集成式肖特基二极管。

4.4.2 各结构部分设计

4.4.2.1 基于SSPPs高隔离度T型结功分器设计

为了满足太赫兹倍频合成应用，本节对 WR8 标准矩形波导 T 型结（SSPPs-based WR8 Power divider）和 WR4 标准波导 T 型结（SSPPs-based WR4 Power divider）进行了设计，其设计原理和思路与上节相同，这里不再赘述。如图4-25所示，为了满足倍频合成器的需求，对 WR8 波导 T 型结、WR4 波导 T 型结和 WR8 阻带 SSPPs 的结构进行了优化设计，但 WR4 阻带 SSPPs 负载的结构仍与图4-10 相同。基于 SSPPs 高隔离度 T 型结功分器的尺寸参数见表4-3 所列。

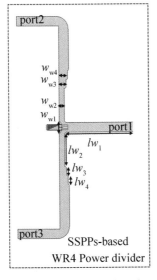

（a）WR8 频段 T 型结结构示意图　　　　（b）WR4 频段 T 型结结构示意图

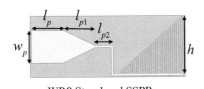

（c）WR8 频段 SSPPs 负载结构示意图　　　（d）WR4 频段 SSPPs 负载结构示意图

图4-25　基于SSPPs 的高隔离度 T 型结功分器

表 4-3   基于 SSPPs 的高隔离度 T 型结功分器的尺寸参数

参数	l_{wg1}	l_{wg2}	l_{wg3}	l_{wg4}	w_{wg1}	w_{wg2}	w_{wg3}	w_{wg4}	l_{w1}	l_{w2}
数值/μm	6000	1550	1000	1000	1500	400	600	800	6000	1850
参数	l_{w3}	l_{w4}	w_{w1}	w_{w2}	w_{w3}	w_{w4}	w_p	l_p	l_{p1}	l_{p2}
数值/μm	500	500	700	300	400	500	300	300	300	150

基于 SSPPs 的高隔离度 T 型结功分器的仿真结果图 4-26 所示。对于 WR8 波导功分器而言，在 85 GHz 到 130 GHz 的频率范围内，从 Port1 到 Port2 和 Port3 的插入损耗均小于 3.2 dB（含 3 dB 固有损耗），带内回波损耗均优于 14 dB，展现出优异的功分传输性能。此外，通过在隔离口插入毫米波阻带 SSPPs 微结构，Port2 和 Port3 之间的隔离度在 85 ~ 140 GHz 的全频带内均优于 12.5 dB。通过优化尺寸参数，进一步拓宽了上节中 WR4 波导功分器的工作带宽。如图 4-26(b) 所示，在 170 ~ 260 GHz 频率范围内，输出端口插入损耗均小于 3.2 dB（含 3 dB 固有损耗），带内回波损耗均优于 12.5 dB，输出端口隔离度 $|S_{32}|$ 优于 15 dB。这些都满足功分器设计指标需求。

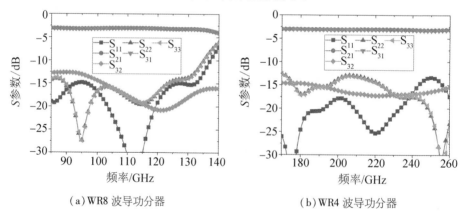

（a）WR8 波导功分器　　（b）WR4 波导功分器

图 4-26   基于 SSPPs 的高隔离度 T 型结功分器的仿真结果

此外，如图 4-27 所示，分别对两个波导功分器的带内传输能量分布图进行了仿真。可以看到，波导输入的电磁能量通过 T 型结均分为两个支路信号，这两个支路信号由三阶阶梯渐变波导实现了阻抗匹配，再通过一弯曲波导实现传输信号方向的改变。在嵌入阻带 SSPPs 负载的隔离端口中，并不存在能量分布，但这种隔离端口的添加却可为 T 型结提供类似四端口器件的特性，从而改变三端口器件无法实现全匹配的困境。

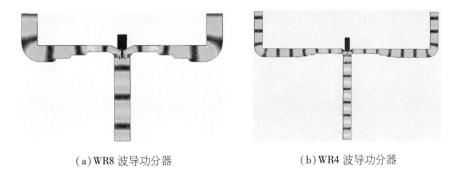

（a）WR8 波导功分器　　　　　　　（b）WR4 波导功分器

图 4-27　电场能量分布图

如图 4-28 所示，对不同探针宽度 w_p 和不同探针长度 l_p 下的 WR8 波导 T 型结功分器的端口隔离度进行了仿真对比。仿真结果表明，随着探针宽度 w_p 和长度 l_p 逐渐从 200 μm 增加至 400 μm，两输出端口之间的隔离度 S_{32} 呈现出逐渐降低的趋势，且探针长度 l_p 对隔离度的影响更大。因此，通过合理优化并选择探针宽度 w_p 和长度 l_{p1} 的尺寸，可实现端口的高隔离度设计。

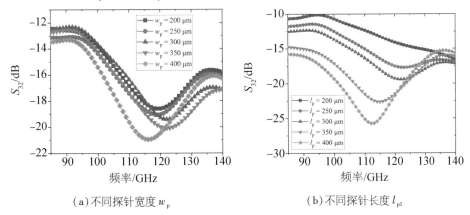

（a）不同探针宽度 w_p　　　　　　　（b）不同探针长度 l_{p1}

图 4-28　不同结构参数下的 WR8 波导 T 型结功分器的端口隔离度

4.4.2.2　基于 TMICs 的太赫兹二倍频模块

本节所采用的 TMICs 的太赫兹二倍频芯片是本团队自研的国产 GaAs 宽带太赫兹二倍频芯片，如图 4-29 所示为该芯片结构示意图。该二极管芯片的衬底厚度为 30 μm。为了拓展倍频器的工作带宽，选择阳极直径为 2.3 μm，外延厚度为 260 nm，掺杂浓度为 $2×10^{17}$ cm^{-3}，零偏结电容 $C_{j0} = 6.4$ F。该倍频芯片的整体结构主要包括 E 面探针（Probe）、高低阻抗微带线匹配结构（Matching）、同向串联的 6 个集成式肖特基二极管（Schottky diodes）以及梁氏引线（Beam）。

其中 E 面探针用于实现对输入波导能量的耦合，高低阻抗微带线用于实现二极管的输入匹配，梁氏引线用于实现二极管的接地和基片固定。

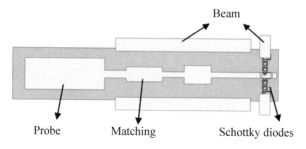

图 4-29 GaAs 宽带太赫兹二倍频芯片结构示意图

对基于该 TMICs 二倍频芯片的太赫兹单模块二倍频器进行了封装测试，测试结果表明，如图 4-30 所示，当输入功率为 200 mW 至 300 mW 时，输出功率为 10 mW 至 18 mW。

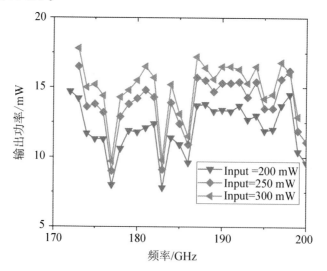

图 4-30 GaAs 宽带太赫兹二倍频单模块测试结果

4.4.3 加工装配及测试

在完成上述电路设计后，使用三维绘图软件 SolidWorks 绘制三维加工图。如图 4-31 所示，基于 SSPPs 的太赫兹 T 型结倍频合成模块采用镀金铜材料加工，从矩形波导 E 面中心剖分为上下腔体块。上下腔体块加工完成后，首先将镀镍的阻带 SSPPs 和 TMICs 二倍频芯片用导电银胶粘贴在下腔体的相应位置；然后，将两腔体块通过销钉完成定位，并使用螺钉完成连接和固定。

（a）整体外形图

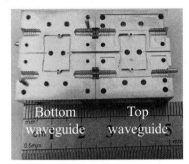
（b）上下腔体图

（c）WR8 功分结构图

（d）WR4 功分结构图

（e）TMICs 二倍频结构图

图 4-31　基于 SSPPs 太赫兹 T 型结倍频合成模块

接下来对装配的倍频合成模块进行测试，测试原理框图及现场实物图如图 4-32 所示。倍频合成器的输入信号由信号源 Agilent 83732B 提供，产生的微波信号被送入 ×6 倍频放大模块，得到工作在 WR8 频段的 85-110 GHz 的毫米波信号。该信号再通过本实验室自研的三个级联的 75 ~ 110 GHz 功放模块放大，得到最高达 1 W 的高功率信号，用以驱动待测的倍频合成模块。两台直流稳压源被用于给放大模块提供偏压。输入功率的校准和倍频器输出功率的测试都通过同一台毫米波/亚毫米波功率计来校准或测量，测试之前将前级驱动模块的功率被分别校准到 400 mW、500 mW、600 mW 和 700 mW 这 4 个功率点，用于在固定功率下对倍频器的频带进行扫频测试。最后，在测试倍频合成模块时，其输出端连接一个 WR4-WR10 的转接波导以匹配功率计探头。

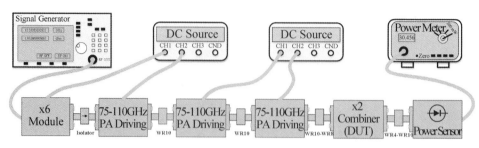

（a）测试原理框图

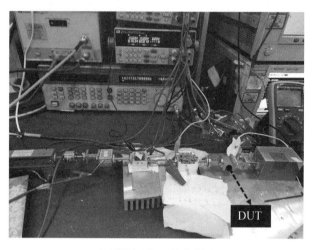

（b）测试现场环境实物图

图 4-32　基于 SSPPs 的太赫兹 T 型结倍频合成模块测试平台

扫描频率得到在不同输入功率下倍频合成器的输出功率响应曲线如图 4-33（a）所示。在输入功率为 400 mW 时，倍频器在整个频带内的输出功率为 16～41 mW，相应的转换效率为 4%～10.3%。输出功率也随输入功率的增加而进一步增加：当输入功率达到 600 mW 时，输出功率为 20.7～48 mW，对应的效率为 3.5%～8%。图 4-33（c）给出了分别在 175 GHz、183 GHz、197 GHz 和 211 GHz 四个频段处测得的输出功率随输入功率的变化情况。可以看到，在这个 4 个频点处，输出功率都随着输入功率的增加而几乎线性增加。此外，对基于该 TMICs 二倍频芯片的单倍频模块进行了装配和测试，为了与本书研制的倍频合成模块进行对比，将单模块的输入功率降低一半进行测试，以保证倍频芯片所获得的输入功率一致。如图 4-33（d）所示，当单倍频模块的输入功率为 200 mW 至 300 mW 时，输出功率在 10 mW 至 18 mW 之间，几乎为倍频合成模块的二分之一，这验证了本书所研制的倍频合成器的高合成效率。

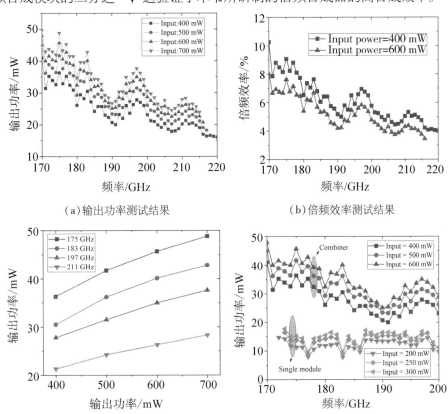

（a）输出功率测试结果 （b）倍频效率测试结果

（c）固定频点扫描输出功率 （d）与单模块测试结果的对比图

图 4-33　基于 SSPPs 的太赫兹 T 型结倍频合成模块测试结果

本节所提出的太赫兹倍频合成器中，将阻带 SSPPs 的截止频率拓展至了毫米波频段，并采用相同的匹配负载形式，在同一模块中同时实现了毫米波和太赫兹 T 型结的高隔离度。这说明，通过精心设计金属镍带阻 SSPPs 的尺寸参数，可以使其满足不同频段的应用。本书创新性地将高隔离度的毫米波和太赫兹波导 T 型结结合在一起，以满足倍频合成器的应用，这种设计可为高功率的太赫兹固态源提供有效途径。总的来说，本书提出的基于 SSPPs 的太赫兹 T 型结倍频合成模块具有优异的倍频转换效率和输出功率，在太赫兹通信、雷达及成像系统中具有良好的实用价值。

4.5 基于 SSPPs 负载的定向耦合功率合成技术

上述基于金属镍的阻带 SSPPs 传输结构均采用石英衬底制备，但对于高功率信号源来说，石英衬底的导热效应较差，难以在高功率容量下满足波导模块的热散条件。为此，本书创新性地提出了一种基于 AlN 衬底的阻带 SSPPs 波导匹配负载结构，这种金属和衬底结构的负载将不受额外材料最高工作温度的限制，且利用 AlN 材料的高导热特性，可以满足高功率射频源的实际应用需求。

4.5.1 整体框架

所提出的基于 SSPPs 负载的太赫兹分支波导定向耦合功率合成器的整体结构如图 4-34 所示，它由两个背靠背的 3 dB 分支波导定向耦合器（Waveguide 3 dB Coupler）和两个 GaN 功率放大单片（GaN MMIC Power Amplifier）组成。输入电磁波的电磁能量被定向耦合器等分为两个通道，通过弯曲矩形波导沿纵向传输，并通过波导 E 面探针耦合到平面传输线上。平面传输线为接地共面波导（GCPW），其准 TEM 模式通过金丝线键合至功率放大芯片进行能量放大。最后，两个放大的电磁能量信号通过背靠背的定向耦合器组合输出高功率的电磁波信号。

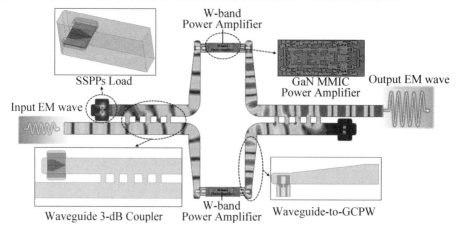

图 4-34　基于 SSPPs 负载的太赫兹分支波导定向耦合功率合成器的整体结构

在该结构中，在氮化铝(AlN)基片上刻蚀金属镍制成了 SSPPs 负载结构
(SSPPs Load)，并将其组装在定向耦合器隔离端口的 E 面中心，用以实现定向
耦合器的匹配负载。矩形波导中的电磁能量通过阶梯渐变的 SSPPs 单元结构耦
合至平面 SSPPs 负载，利用 SSPPs 的天然低通特性与金属镍的损耗特性实现对
电磁波的吸收。此外，在波导 E 面两侧开槽以容纳 AlN 基片，这种基片与金属
波导之间的紧密结合，将有助于有效地消散冗余射频 RF 信号产生的热量。因
此，所提出的 SSPPs 不仅具有紧凑的尺寸和高功率容量能力，而且还能够在宽
频段内提供有效的吸收。该设计为高集成度和高功率的射频固态源匹配负载技
术提供了全新的思路。

4.5.2 各结构部分设计

4.5.2.1 基于 SSPPs 的波导匹配负载

矩形波导作为微波、毫米波及太赫兹的信号传输和标准互连器件，在通信
和基础领域中具有重大应用价值，尤其是在高功率射频源方面的研究具有重要
的意义。匹配负载是吸收冗余入射电磁波功率的终端器件。对于大多数射频系
统来说，需要预留备用端口或闲置端口，上述端口在不参与系统运作时会由于
其开路或短路特性影响整个系统的电气性能，因此需要在上述端口末端插入匹
配负载以消除这种影响。在传统情况下，矩形波导的匹配负载是嵌入波导中的
一块楔形或锥形的有耗吸波材料，或将 50 Ω 的薄膜电阻粘贴在矩形波导的末
端。然而，上述两种方式引入的额外器件(如薄膜电阻、吸波材料)增加了制备
成本，有耗材料的粘贴手段也存在一定的不稳定性。此外，高功率射频源的功
率处理能量受到匹配负载的限制。为了提高功率容量，通常需要增大楔形或锥
形有耗吸波材料的体积，然而这种庞大体积材料与功率合成器之间的集成式组
合是具有挑战性的。基于 TaN、TiN 等薄膜电阻的匹配负载具有较高的功率处
理能力，但这种方式依然受到薄膜材料自身最高工作温度的限制(TaN 薄膜和
TiN 薄膜的最高工作温度分别为 427 ℃和 500 ℃)。因此，研究具有高集成度、
高功率容量的新型矩形波导的匹配负载是非常重要的。

所提出的基于 SSPPs 的波导匹配负载的几何结构示意图如图 4-35(a)所示，

该结构是将 SSPPs 负载基片放置在波导末端的 E 面中心实现的。在波导末端的 E 面中心两侧开槽，用以容纳 SSPPs 负载基片，两边的开槽长度 l_{wg} 为 0.5 mm，开槽宽度 w_{wg} 为 1.6 mm，开槽高度 h_{wg} 为 0.3 mm。如图 4-35(b)所示，SSPPs 负载基片是将金属镍刻蚀在 50 μm 厚的 AlN 衬底上形成的，它由 6 个深度 h 为 0.9 mm 的锯齿槽结构 SSPPs 单元和 9 级阶梯递增的锯齿槽结构组成，每个单元的周期长度 $p = 0.1$ mm。基片整体长度 $l_{sub} = 2$ mm，整体宽度 $w_{sub} = 1.5$ mm。此外，每个锯齿单元的深度逐级递增，初级深度为 0.09 mm，末级深度为 0.81 mm，锯齿单元与金属线条的宽度为 0.05 mm，每个锯齿单元之间缝隙为 0.05 mm。由于金属镍的射频损耗比其他金属高得多，利用金属镍的射频传输损耗，结合人工表面等离激元的低通特性，可以实现对电磁波的吸收，从而实现矩形波导的负载匹配。

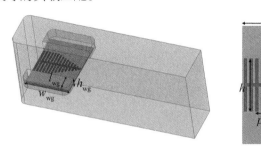

（a）整体结构图 　　　（b）SSPPs 负载基片图

图 4-35　基于 SSPPs 的波导匹配负载的几何结构示意图

利用商用软件的本征模求解器计算 SSPPs 单元的色散曲线。如图 4-36(a)所示，SSPPs 的截止频率随着锯齿槽深度 h 的增加而逐渐降低，并逐渐表现出更强的场束缚能力。当 h 为 0.7 mm 时，SSPPs 的截止频率为 140 GHz，随着 h 增加至 1.1 mm，截止频率降低至 90 GHz。所设计的加载 SSPPs 负载的波导回波损耗仿真结果图如图 4-36(b)所示。显然，在 80 GHz 到 100 GHz 的频率范围内，该结构的回波损耗优于 20 dB，满足传统的电阻薄膜负载或吸波材料负载应用于矩形波导的指标要求。从 94 GHz 处的电场能量分布图可知，矩形波导入射的电磁能量被阶梯渐变的 SSPPs 有效捕获，并逐渐传输至 SSPPs 阵列，最终能量在 SSPPs 阵列中被全部耗散，实现了高效的匹配负载。

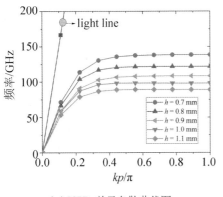
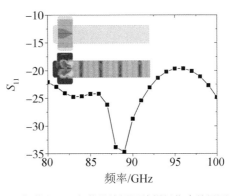

(a) SSPPs 单元色散曲线图　　　　(b) 加载 SSPPs 负载的波导回波损耗仿真结果图

图 4-36　基于 SSPPs 的波导匹配负载的仿真结果

如图 4-37 所示，对无阶梯渐变过渡结构时 SSPPs 匹配负载的回波损耗进行了仿真分析。从电场能量分布图可以明显看出，无过渡结构时，波导能量并不能被 SSPPs 负载完全捕获，而是穿过 SSPPs 负载并反射回输入波端口。这是由于，这种阶梯渐变的金属结构可以起到类探针耦合效果，将其插入波导中可以实现波导与 SSPPs 传输线之间的阻抗和模式匹配，从而实现波导能量的完全耦合。仿真结果表明，在 80 ~ 95 GHz 频率范围内，波导结构的回波损耗小于 10 dB，仅在 95 ~ 100 GHz 的频率范围内在 10 ~ 20 dB 波动，这种回波性能显然难以满足匹配负载的实际工程应用需求。

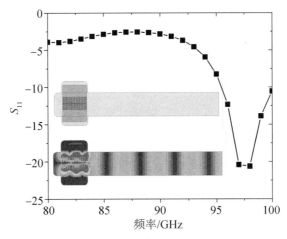

图 4-37　无阶梯渐变过渡结构时 SSPPs 匹配负载的回波损耗的仿真结果

进一步地，对不同参数 SSPPs 负载下波导的回波损耗进行了优化。如图 4-38(a) 所示，与 SSPPs 单元结构的色散曲线相对应，当锯齿深度 h 较低时，

SSPPs 的截止频率并不能降低至工作频段，进而导致无法实现对波导电磁能量的吸收。具体而言，当锯齿深度 h 为 0.7 mm，在 80 GHz 至 100 GHz 的频率范围内，波导的回波损耗最高仅为 8.2 dB，随着 h 逐渐增加至 1 mm，可以在整个频段内实现约 30 dB 的回波损耗。然而，当 h 进一步增加至 1.1 mm 时，回波损耗出现了一定程度的提升，这主要是由于第一阶渐变结构尺寸的相应增大导致的，这使得波导能量不能完全被渐变结构耦合。此外，当把金属镍 SSPPs（Ni-SSPPs）的材料更换为金属金 SSPPs（Gold-SSPPs）时，SSPPs 的负载性能也将几乎彻底消失。如图 4-38（b）所示，金 SSPPs 在整个频带内几乎是全反射的，并不能展现出对波导电磁能量的吸收。因此，从这两个仿真结果中可以推断出，SSPPs 负载的实现是同时结合了 SSPPs 的高频截止特性和金属镍的电磁损耗特性，二者缺一不可。

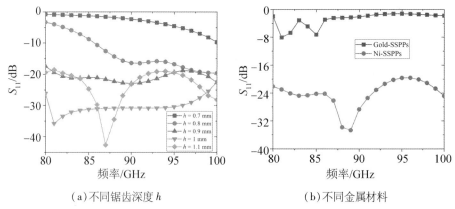

（a）不同锯齿深度 h　　　　　（b）不同金属材料

图 4-38　不同参数设置下 SSPPs 负载波导的回波损耗仿真

总之，本书设计的基于 SSPPs 的波导匹配负载方式免去了传统薄膜电阻和有耗吸波材料的引入，且仅需采用成熟的薄膜电路加工工艺进行制备、采用微组装工艺进行装配，具有结构简单、制备装配难度低、集成度高、驻波低等优异特性。此外，这种金属和衬底结构的匹配负载不受额外材料最高工作温度的限制（AlN 的最高工作温度为 800 ℃，金属镍的耐高温熔点为 1 455 ℃），且利用 AlN 材料的高导热特性，可满足高功率射频源的实际应用需求。

4.5.2.2　基于 SSPPs 负载的定向耦合器设计

分支波导定向耦合器是一个具有方向性的无源四端口电路，主要用于功率的分配，可以设计为任意功率分配比，在电子对抗、通信系统、雷达系统以及测试测量仪器中有着不可缺少的作用。在一些重要的测量仪器中，如矢量网络分析仪、反射计等，定向耦合器也有着比较广泛的应用。分支波导定向耦合器的基本研究原理示意图如图 4-39 所示，从端口 1 输入的电磁波信号按照给定的功率分配比耦合到端口 3 输出，其余的电磁波能量则从端口 2 输出，端口 2 与端口 3 相互隔离且具有 90°的相位差。端口 4 为隔离端口，需在端口添加匹配负载以实现端口的隔离。在实际工程应用中，当端口 2 和端口 3 两个分支中的任何一端失效时，将导致隔离端口的高温故障，此时将需要隔离端口的匹配负载提供足够高的电磁吸收能量和功率处理能力，以保护整个射频系统。

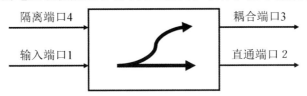

图 4-39　分支波导定向耦合器的基本研究原理示意图

　　为了验证所提出的 SSPPs 负载的实用性，对基于 SSPPs 负载的毫米波 3 dB 波导分支耦合器进行了设计。如图 4-40 所示，该结构为五分支波导定向耦合器，根据分支线耦合器的基本原理，两个主波导的间距 l_g 设置为 $\lambda/4$，每个波导分支间的间距也为 $\lambda/4$，其中 λ 为波导工作中心频率的波长。将最外边的两个波导分支的宽度记为 a，中间波导分支的宽度记为 c，剩余两个波导分支宽度记为 b。本设计采用标准的 WR10 矩形波导，波导尺寸为 2.54 mm × 1.27 mm，其余优化的具体尺寸参数见表 4-4 所列。

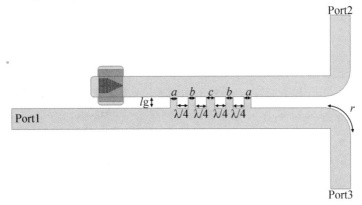

图 4-40　基于 SSPPs 负载的毫米波 3 dB 波导分支定向耦合器结构示意图

表 4-4　基于 SSPPs 负载的 3 dB 波导分支定向耦合器的尺寸参数

参数	l_g	a	b	c	r
数值/mm	0.7	0.44	0.45	0.55	1.6

　　基于 SSPPs 负载的 3 dB 波导分支定向耦合器的仿真结果如图 4-41 所示，为了展现所提出的匹配负载的实用性，分别在图 4-41（a）和图 4-41（b）中对比了 Ni-SSPPs 和 Gold-SSPPs 作为负载时的仿真 S 参数。对于 Ni-SSPPs 而言，在 86 GHz 到 98 GHz 的频率范围内，从 Port1 到 Port2 和 Port3 的插入损耗均为 3 dB 左右，且带内幅度不平坦度小于 0.3 dB，满足 3 dB 定向耦合器的指标要求。在 80 GHz 到 100 GHz 的频率范围内，各端口回波损耗和 Port2 与 Port3 之间的隔离度均优于 18 dB，展现出优异的功分传输性能。如图 4-41（b）所示，对于 Gold-SSPPs 而言，在 80～100 GHz 频率范围内，端口插入损耗在 2 dB 至 5 dB 之间波动，Port2 和 Port3 两个端口的带内回波损耗和端口隔离度 $|S_{32}|$ 在 5 dB 至 13 dB 之间波动，难以满足功分器的设计指标需求。因此，通过加载金属镍的 SSPPs 基片，可为定向耦合器提供有效的匹配负载技术，从而实现高效的功分器设计。

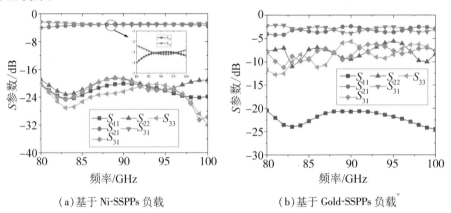

（a）基于 Ni-SSPPs 负载　　　　　　（b）基于 Gold-SSPPs 负载

图 4-41　基于 SSPPs 负载的 3 dB 波导分支定向耦合器的仿真结果

　　此外，如图 4-42 所示，分别对两个波导分支定向耦合器的带内传输能量分布图进行了仿真。如之前所述，当端口 2 和端口 3 两个分支中的任何一端失效时，将导致隔离端口的高温故障，此时将需要隔离端口的匹配负载提供足够高的电磁能量吸收和功率处理能力，以保护整个射频系统。如图 4-42（a）所示，当端口 2 失效时，端口 2 输入的电磁能量一部分被耦合至端口 1，而另一部分则被 Ni-SSPPs 完全吸收，只有极少部分能量传输至端口 4。当将金属材料更换为金时，端口 2 输入的电磁能量并不能被 Gold-SSPPs 吸收，而是从端口 4 反射回定向耦合器，从而耦合至端口 3 输出。该仿真结果充分验证了所设计的 SSPPs 负载的应用潜力。

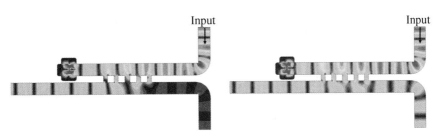

（a）基于 Ni-SSPPs 负载　　　　　（b）基于 Gold-SSPPs 负载

图 4-42　3 端口 2 失效时波导分支定向耦合器的带内传输能量分布图

4.5.2.3　波导-GCPW 过渡结构设计

为了将波导能量耦合至平面传输线以用于功放单片信号放大，需要设计波导到平面传输线的过渡结构。本节利用 E 面探针形式的波导-GCPW 过渡结构，如图 4-43 所示，采用厚度为 0.127 mm 的 Rogers RT/duroid 5880(tm) 基片作为平面传输线衬底，输入波导为 WR10 标准波导，输出端为 GCPW 结构，通过两边涂抹导电银浆（蓝色部分）实现接地。各结构参数尺寸见表 4-5 所列，基片整体尺寸为 1.35 mm ×0.8 mm。

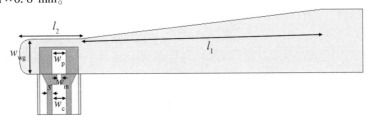

（a）结构示意图

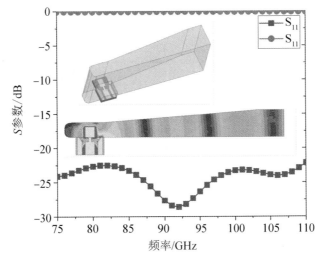

（b）三维结构、电场能量及仿真结果图

图 4-43　波导-GCPW 过渡结构

表 4-5　波导-GCPW 过渡结构的尺寸参数

参数	l_1	l_2	w_{wg}	w_p	w_m	w_c	s
数值/mm	5	1.2	0.7	0.3	0.1	0.3	0.1

仿真结果如图 4-43(b)所示，在整个 WR10 标准波导工作频率 75～110 GHz 内，过渡结构的插入损耗小于 0.08 dB，回波损耗优于 22 dB，具有优异的波导-GCPW 过渡性能。从插图所示的电场能量分布图可以看出，波导中的 TE10 模式的电场能量极大地被 E 面探针耦合，从而转换为 GCPW 的准 TEM 模式传播。

4.5.2.4　背靠背合成网络结构

将基于 SSPPs 负载的定向耦合器和波导-GCPW 过渡结构结合在一起，形成输入波导、输出 GCPW 的三端口模式。如图 4-44 所示，在 85～100 GHz 的频率范围内，插入损耗均在 3 dB 左右，幅度不平衡度优于 0.3 dB，满足功分器设计指标要求。此外，三个端口的回波损耗和两个输出端口之间的隔离度 $|S_{32}|$ 均优于 16 dB。

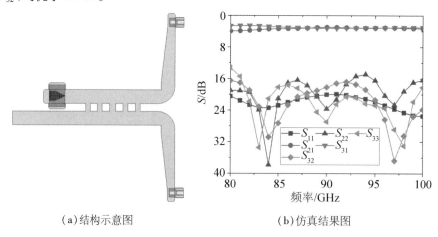

(a)结构示意图　　　　　　(b)仿真结果图

图 4-44　波导-GCPW 功分三端口结构

进一步地，构建了基于 SSPPs 负载的定向耦合功率合成背靠背网络，用以模拟功率合成模块在无功率放大芯片下的所有路径传输性能。如图 4-45 所示，在 81～100 GHz 频率范围内，该背靠背功率合成网络的插入损耗小于 1.3 dB，带内回波损耗优于 15 dB，表现出了优异的传输性能。在 94 GHz 频率下的电场能量分布表明，波导输入的电磁能量通过定向耦合器分为两个支路信号，这些支路信号 E 面探针耦合到平面 GCPW 传输线，再通过背靠背的定向耦合器实现信号合成并输出。

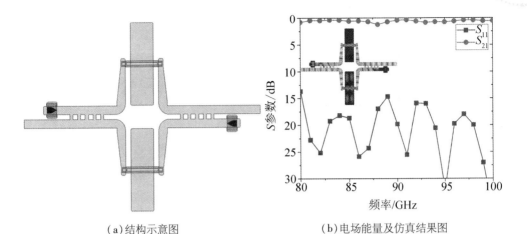

（a）结构示意图　　　　　　　　　　（b）电场能量及仿真结果图

图4-45　背靠背合成网络结构

4.5.2.5　功率放大芯片的直流稳压馈电电路设计

本节采用的两个合成芯片为中电 13 所研制的 GaN MMIC 功率放大芯片 NC11686C-9096P1，其标准工作环境均为漏压 $V_d = 18$ V，漏流 $I_d = 360$ mA，栅压约为 -2.3 V。如图4-46 所示，使用固定输出电压的稳压芯片将直流源输入的 19 V 电压转换为功分芯片漏压 18 V 和正电压 3.3 V；采用正压转负压芯片得到 -3.3 V 电压，再由分压电阻分压至栅极电压约为 -2.3 V。为了保证功率放大芯片在工作时具有先加栅压后加漏压、断电时先去漏压再去栅压的时序状态，使用 MOS 管和三极管来实现时序控制，其工作原理与第 4.3 节所述相似，这里不再赘述。

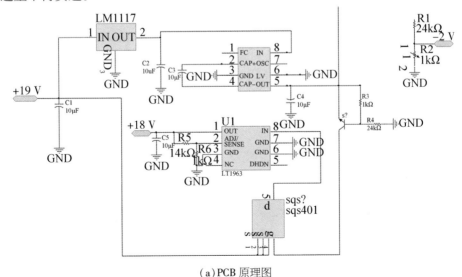

（a）PCB 原理图

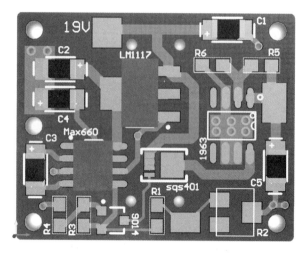

（b）PCB 版图

图 4-46　功率放大芯片的直流稳压馈电电路设计

4.5.3　加工装配及测试

4.5.3.1　基于 SSPPs 负载的波导匹配负载及波导定向耦合器模块测试结果

在完成上述电路设计后，使用三维绘图软件 SolidWorks 绘制三维加工图。如图 4-47 所示，基于 SSPPs 的波导负载及 3 dB 分支波导定向耦合器模块均采用镀金铜材料加工，从矩形波导 E 面中心剖分为上下腔体块。上下腔体块加工完成后，首先将镀镍的 SSPPs 负载 AlN 基片用导电银胶粘贴在下腔体的相应位置，然后，将两腔体块通过销钉完成定位，并使用螺钉完成连接和固定。

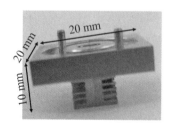 

（a）波导负载整体外形图　　　　（b）波导负载内部实物图

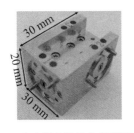

（c）定向耦合器整体外形图　　　　　　（d）定向耦合器内部实物图

图 4-47　基于 SSPPs 的波导负载及 3 dB 分支波导定向耦合器模块实物图

在测量中，将矩形波导的法兰连接至带有 75 ~ 110 GHz 扩频模块的 Rohde&Schwarz ZVA67 矢量网络分析仪的端口。测试环境图如图 4-48 所示，基于 SSPPs 的波导匹配负载的回波损耗参数是通过直接与扩频头输入端口连接进行测试的；而定向耦合器的测试则是将两待测端口连接至输入输出扩频头，将另一个端口连接至基于 SSPPs 的波导匹配负载进行测试。

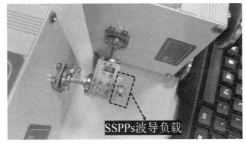

（a）波导负载测试环境图　　　　　　（b）定向耦合器测试环境图

图 4-48　基于 SSPPs 的波导负载及定向耦合器测试环境图

实测的 SSPPs 的波导负载及定向耦合模块 S 参数，如图 4-49 所示。显然，在 85 GHz 到 100 GHz 的频率范围内，基于 SSPPs 基片的波导匹配负载的回波损耗优于 17 dB，满足波导匹配负载的基本指标需求。此外，值得注意的是，这种通过粘贴 AlN 基片实现匹配负载的方式，具有制备简单、装配简易、功率容量高、成本低等优点，且仅需简易优化 SSPPs 的尺寸参数，即可拓展至其他工作频段。总之，该匹配负载具有较强的市场应用潜力。

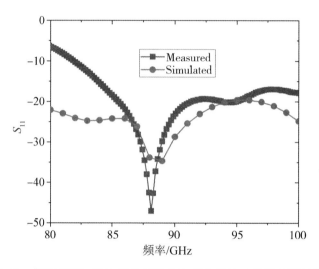

图4-49 基于 SSPPs 的波导负载及定向耦合模块 S 参数实测结果图

如图 4-50 所示，在 85 GHz 到 100 GHz 的频率范围内，定向耦合器的输入端口 Port1 到输出端口 Port2 和 Port3 的插入损耗的一致性较好，损耗均在 3 dB 左右。Port1、Port2 和 Port3 的带内回波损耗优于 13 dB，Port2 和 Port3 之间的实测隔离度 $|S_{32}|$ 优于 10 dB。基于 SSPPs 的波导负载及定向耦合模块的实测结果与仿真结果均具有较高的吻合度。

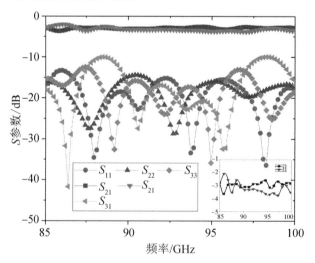

图4-50 基于 SSPPs 的定向耦合模块实测结果图

4.5.3.2 基于 SSPPs 负载的定向耦合功率合成模块测试

所制备的基于 SSPPs 负载的定向耦合功率合成模块的整体外形图和内部腔的图像分别如图 4-51（a）、图 4-51（b）所示，整个功率合成模块分为上腔体（Top waveguide）、下腔体（Bottom waveguide）以及直流稳压盖板（Bias cover board）三部分组成，三块腔体均采用镀金铜材料加工。直流稳压板安装在下腔体背面的偏置腔（Bias cavity）内，并通过高温导线和玻珠与射频偏置电路（RF Bia）相连。本设计中，直流稳压板采用厚度为 1 mm 的 FR4 材料加工，其目的是为功率放大芯片提供稳定的外部偏置输入电压。其中，每个功率放大芯片的射频偏置电路由两个 10 000 pF 的双层芯片电容、两个 1 000 pF 的单层芯片电容、三个 100 pF 的单层芯片电容以及四个 10 Ω 的芯片电阻组成，且芯片电容应尽可能靠近芯片的键合压点。功率放大芯片、芯片电阻和芯片电容均采用导电银胶粘贴在载体相应位置，各器件均采用金丝线键合连接，其中载体为镀金钼铜，以此来提高功放散热能力。

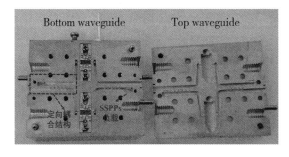

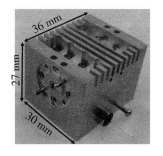

（a）功率合成模块整体外形图　　　　　（b）功率合成模块上下腔体图

图 4-51　基于 SSPPs 负载的定向耦合功率合成模块实物图

如图 4-52 所示，将待测功率合成模块与具有 30 dB 衰减的衰减器级联，采用矢量网络分析仪对功率合成模块的小信号增益进行测试。如图 4-53 所示，在 87.6 GHz 至 100 GHz 的带宽频率范围内，功率合成器的平均增益约为 12 dB，在 212 GHz 时的最大值为 14.3 dB。同时，在整个工作频段内，功率合成模块的回波损耗均优于 12 dB。功率合成模块的增益波动主要取决于两块功率放大器芯片的性能一致性和功率合成结构的幅相一致性。

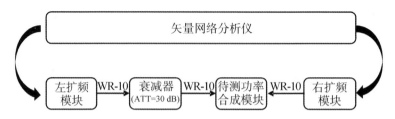

图 4-52　基于 SSPPs 负载的定向耦合功率合成模块增益测试配置图

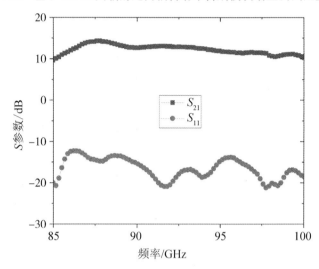

图 4-53　基于 SSPPs 的太赫兹功率合成模块 S 参数测试图

　　如图 4-54 所示，测试功率合成模块的饱和输出功率的测试仪器包括微波信号源、直流稳压源、太赫兹功率计、毫米波六倍频放大模块、两个 W 波段驱动放大器和 W 波段可调衰减器。该测试配置中，微波信号源输出 14.16～16.66 GHz 的微波信号，经过毫米波六倍频放大模块后输出 85～100 GHz 的弱电磁波信号，然后使用两个 W 波段的驱动放大器模块来放大微弱的电磁信号，从而将待测功率合成模块的输出功率推饱和。此外，直流稳压源为每个有源模块提供稳定的电压，采用可调衰减器将功率合成模块的输出功率衰减至适用于功率计测试量程以便测试。基于 SSPPs 负载的定向耦合功率合成模块的输出功率测试环境图如图 4-55 所示。

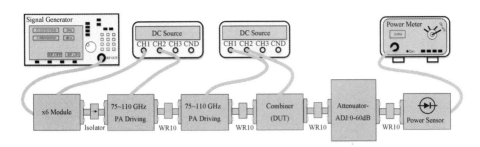

图 4-54　基于 SSPPs 负载的定向耦合功率合成模块的输出功率测试配置图

图 4-55　基于 SSPPs 负载的定向耦合功率合成模块的输出功率测试环境图

基于 SSPPs 的太赫兹功率合成模块的输出功率测试结果如图 4-56 所示，在 87～98 GHz 频率范围内，基于 SSPPs 负载的定向耦合功率合成模块的饱和输出功率(实线)大于 2 W，即 33 dBm，其中，在 91 GHz 时达到最大值 2.95 W，即 34.7 dBm。测试中，该功率合成模块的工作电压为 18 V，工作电流为 721 mA，输入功率大于 20 dBm。因此，该功率合成模块的功率附加效率 PAE 大于 18%，其中在 91 GHz 时达到最大值 21.9%。此外，与 GaN MMIC 功率放大芯片 NC11686C-9096P1 的芯片手册作对比，单功率放大芯片在 88 GHz 至 97 GHz 内的饱和输出功率仅为 1.07 W(30.3 dBm)至 2 W(33 dBm)。因此，该功率合成模块有效地提高了输出功率，根据功率合成效率计算公式：

$$Efficiency = \frac{P_{\text{combiner}}}{N \times P_{\text{single}}} \times 100\% \tag{4-2}$$

可知，该功率合成模块在 88 GHz 至 97 GHz 频带范围内的合成效率为 65%～

99%，平均功率合成效率(Average efficiency，AVG Eff)高达 84.5%，验证了该设计的实用性。

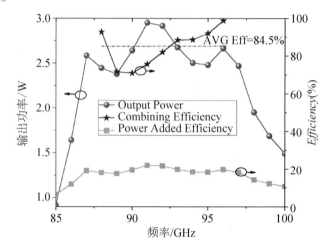

图 4-56　基于 SSPPs 的太赫兹功率合成模块的输出功率测试结果图

4.6　本章小结

　　本章从 SSPPs 的天然阻带特性出发，对 SSPPs 的应用领域进行了进一步的拓展。我们通过结合 SSPPs 的天然阻带特性和金属镍的天然电磁损耗特性实现了具有高吸收率的阻带太赫兹 SSPPs 平面传输结构，并首次提出将该思想应用于太赫兹功率合成技术中。首先，将该阻带 SSPPs 连接至一 H 臂探针，并放置在太赫兹 T 型结功分器的隔离端口，实现了具有高隔离度的 T 型结功分器。该高隔离度功分器避免了传统楔形或锥形有耗吸波材料以及薄膜电阻的引入，具有高集成度、低成本、制备装配方便、高隔离度、高功率容量等优点。为了验证该功分器的实际应用，利用偶极子天线将波导能量耦合至 SSPPs 传输线，并首次通过金丝键合的方式验证了太赫兹 SSPPs 与 TMICs 功放单片互连的可行性。其次，将该阻带 SSPPs 平面传输结构进一步拓展至毫米波频段，实现了毫米波高隔离度 T 型结功分器。将毫米波 T 型结和太赫兹 T 型结组合在一起，实现了具有高隔离度和高集成度的太赫兹倍频合成模块。为了验证该倍频合成模块的实用性，采用团队自研的 TMICs 倍频芯片进行了加工装配及实验验证，测试结果表明，该倍频合成模块具有优异的倍频转换效率和功率合成效率。最后，进一步拓展了镍基 SSPPs 平面带阻结构的应用场景。提出了一种全新的矩形波导匹配负载方式，只需将镀镍的 AlN 基片放置在波导 E 面中心，即可实现回波损耗优于 20 dB 的匹配负载效果。此外，由于 AlN 的优异导热性能和金属镍的高耐温特性，该匹配负载结构的功率容量将不再受有耗吸波材料以及薄膜电阻的工作温度较低的影响，具有高集成度、高功率容量、低成本等优异特性。将该 SSPPs 负载应用在分支波导定向耦合器中，在 3 mm 波段实现了高功率合成模块应用，最大输出功率可达 2.95 W。本章通过对阻带 SSPPs 的拓展应用，为未来太赫兹高功率固态源的实现提供了新颖的设计思路。

第五章

窄带超表面完美吸波器及其
折射率传感应用研究

5.1 引言

　　超表面完美吸波器(MPA)具有体积小、吸收完美、受天然材料限制少、电磁参数可调等特点，在薄膜传感、化学探测、军事隐身和能量收集等领域展示了巨大的应用潜力，近年来广受关注。此外，MPA可以突破器件四分之一波长的厚度限制，实现超薄器件，便于与其他系统集成。特别值得注意的是，与大多数传统材料相比，窄带MPA对太赫兹波有更强的电磁响应，这为太赫兹波的感知和传感提供了突破性的解决方案。然而，尽管太赫兹MPA在理论上显示出巨大的潜能，但其研制和测试仍然面临一些挑战。目前，许多研究仍仅限于仿真分析，而缺乏实际的实验验证。另外，折射率传感是MPA领域的一个重要研究方向。虽然已经有一些理论分析对MPA的折射率传感进行了研究，但实验验证仍然是不可或缺的。为此，本章深入研究了MPA的工作机理，首先设计了一款高Q值的超薄MPA，在微波暗室中测试验证了其在雷达散射面积降低方面的能力，并以此计算出该MPA的实测吸收效率。其次，设计了一款双频带的太赫兹MPA，并对其进行了实物加工，采用太赫兹时域光谱系统对其进行了实验验证。最后，将两款薄膜材料放置在吸波器表面，对不同材料的折射率进行了区分，验证了太赫兹MPA的折射率传感应用。

5.2 超表面完美吸波器的基本原理

5.2.1 超表面吸波器的基础理论

当入射电磁波传播至材料表面时，会发生透射、吸收和反射三种情况，这个过程需要满足能量守恒定律，即入射电磁波能量等于透射功率、吸收功率和反射功率之总和。假定电磁波作用于材料时的透射系数为S_{21}，反射系数为S_{11}，总入射电磁波能量为系数1，则功率吸收系数(吸收率)A应满足：

$$A = 1 - |S_{11}|^2 - |S_{21}|^2 \qquad (5-1)$$

由此可知，若超表面吸波器想要实现优异的吸收效果，则必须尽可能降低透射系数和反射系数。对于超表面完美吸波器而言，目前最常见的是"超表面—介质—金属反射板"结构的"三明治"型吸波器，如图 5-1 所示。这种结构由于底层金属反射板的引入，电磁波将无法穿过吸波器进而被完全反射，此时透射系数为$S_{21} = 0$，影响吸收率的因素仅为反射系数S_{11}。

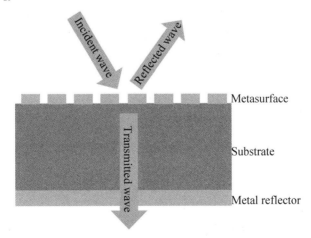

图 5-1　常见的"超表面—介质—金属反射板"结构的"三明治"型吸波器

为了实现理想的完美吸波效果，吸波器需要满足两个基本条件。首先，它需要进行阻抗匹配，也就是超表面层的等效阻抗应该与自由空间的波阻抗匹配。这样，当入射波照射到吸波器表面时，能够最大程度地减少反射，使得绝大部分电磁波能够进入吸波器内部。其次，吸波器应该具备良好的衰减特性，即能够有效地吸收电磁波并将其转化成热能等形式进行消耗。通过提高超表面的电磁损耗，可以最大化电磁波能量的转换和吸收效率[113],[114]。

（1）阻抗匹配

自由空间中的电磁波入射到吸波器表面时，反射系数可表示为

$$S_{11} = \frac{Z_m - Z_0}{Z_m + Z_0} \tag{5-2}$$

其中，$Z_m = \sqrt{\mu_m / \varepsilon_m}$ 为吸波器的阻抗，ε_m 和 μ_m 分别为介电常数和磁导率，ε_m 主要由超表面的阵列分布和谐振结构决定，μ_m 主要由顶层超表面和背面金属反射板之间的反向感应电流决定，该电流受中间介质厚度 t 和入射电磁波的磁场分量的影响；$Z_0 = \sqrt{\mu_0 / \varepsilon_0}$ 为自由空间中的波阻抗，ε_0 和 μ_0 分别为自由空间的介电常数和磁导率。若满足：

$$Z_m = \sqrt{\frac{\mu_m}{\varepsilon_m}} = \sqrt{\frac{\mu_0}{\varepsilon_0}} = Z_0 \tag{5-3}$$

则反射系数 $S_{11} = 0$，这表明电磁波可以完全穿过超表面进入吸波器内部而无任何反射。对于常见的"三明治"型吸波器而言，只需确保顶层超表面的阻抗接近于自由空间的波阻抗，就能实现阻抗匹配从而实现最大吸收。对于多层超表面堆叠的吸波器而言，则需确保顶层超表面的阻抗和吸波器的总阻抗均等于自由空间波阻抗时，才能使更多的电磁波能量进入吸波器，从而实现高性能吸波效果。

（2）衰减特性

电磁波通过超表面阻抗匹配设计，完全进入吸波器内部时，则需要采用电磁损耗将能量全部耗散。电磁波在吸波器内部的单位长度衰减参数可以表示为

$$\alpha = \frac{\omega}{\sqrt{2}c} \sqrt{\varepsilon''\mu'' - \varepsilon'\mu'} \sqrt{\mu'^2 + j\varepsilon'^2} \tag{5-4}$$

其中，ω 表示入射波的角频率；c 表示电磁波在自由空间中的传播速度；ε 和 μ 分别表示吸波器的复介电常数和复磁导率。由式（5-4）可知，若要增大衰减量使尽可能多的电磁波耗散掉，则应提高 ε''，μ''，同时降低 ε'，μ' 的值，其中，

ε' 和 ε'' 为复介电常数的实部和虚部、μ' 和 μ'' 为复磁导率的实部和虚部。换句话说就是，应尽可能提高吸波器的电损耗正切 $\varepsilon''/\varepsilon'$ 或磁损耗正切值 μ''/μ'。

(3)吸收机理

超表面吸波器的衰减特性主要是利用自身结构的谐振损耗来耗散电磁波。其损耗机理主要来源电阻损耗、介质电损耗和磁损耗。

介质电损耗型吸波器的吸收性能与介质材料的介电常数有关。通过设计超表面的谐振结构，可使吸波器与入射外场产生强耦合特性，进而激发出偶极子共振、LC 共振和表面等离激元等模式，从而引起电磁能量损耗。这种由谐振结构引发吸收特性的超表面吸波器可以打破介质层的厚度限制，使得器件在较薄的介质层下仍然能够实现出色的吸波性能。然而，由于这种吸波器的超表面本身不具备损耗功能，且其谐振频点为单一频带，因此，该机理通常被用来实现窄带吸波器[115],[116]。本章设计的超表面完美吸波器主要利用的损耗机理即为介质电损耗。

电阻损耗型吸波器主要是通过欧姆损耗进行电磁波的能量耗散，随着材料电导率的增大，由载流子引起的宏观电流也增大，致使电磁波能量转换为热能损耗。此类材料主要包括电导率在 10^{-1} S/m 至 10 000 S/m 的石墨烯薄膜、二氧化钒电阻薄膜、炭黑等[209]。这种由电阻膜引发的吸收特性受衬底厚度的影响，一般而言，衬底厚度需为中心吸收频点波长的四分之一。但这种引入的薄膜自身的欧姆损耗可以在宽频带内实现阻抗匹配，因此该机理常用以实现宽带吸波器。第六章设计的可调超表面吸波器主要利用的损耗机理即为电阻损耗。

磁损耗型吸波器通常采用铁氧体、羰基铁粉、磁性金属粉等具有磁性的材料作为吸波材料，此类材料具有较大的磁导率和磁损耗正切，可通过自共振和磁滞损耗等极化机制进行电磁波的衰减，从而实现吸波器的完美吸收。

5.2.2 超表面吸波器的理论分析方法

5.2.2.1 等效媒质理论

周期结构的超表面吸波器的单元尺寸是亚波长的，因此可以将该结构看作一块均匀的等效媒质材料。如图 5-2 所示，将整个吸波器的等效阻抗定为 $Z_m = \sqrt{\mu_m/\varepsilon_m}$。

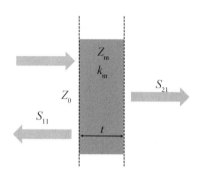

图 5-2　超表面吸波器的等效媒质示意图

吸波器的等效媒质参数可通过反演法由 S 参数逆向推出，这种方法作为早期负折射率超材料的有效验证手段得到了广泛关注[210],[211]。其传播常数 k_m 和等效阻抗 Z_m 满足以下关系式：

$$k_m = \frac{1}{t}\cos^{-1}\left[\frac{1 - S_{11}^2 + S_{21}^2}{2S_{21}}\right]$$

$$Z_m = \sqrt{\frac{(1 + S_{11})^2 - S_{21}^2}{(1 - S_{11})^2 - S_{21}^2}} \tag{5-5}$$

因此，吸波器等效媒质的等效介电常数和等效磁导率为

$$\varepsilon_{eff} = \frac{k_m}{k_0 Z_m}, \quad \mu_{eff} = \frac{k_m Z_m}{k_0} \tag{5-6}$$

5.2.2.2　反射干涉理论

反射干涉理论是一种与结构电磁响应无关的分析方法，与等效介质材料厚度的 S 参数、折射率和相位相关。如图 5-3 所示，将介质和金属超表面看作各向同性的均匀等效媒质材料，η_{eff} 为等效媒质的折射率，t 为等效媒质的厚度。

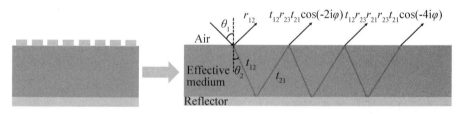

图 5-3　超表面吸波器的反射干涉模型示意图

因此，由于背面金属反射板的隔离作用，整个吸波器的透射系数 S_{21} 可视为 0，则吸波器的吸收率可以表示为[212]

$$A = 1 - R = 1 - |S_{11}|^2 = 1 - \frac{(r_{12} - t_{12}t_{21}\mathrm{e}^{-2\mathrm{i}\varphi})^2}{1 + (r_{12}r_{23}\mathrm{e}^{-2\mathrm{i}\varphi})^2 - 2r_{12}r_{23}\mathrm{e}^{-2\mathrm{i}\varphi}} \qquad (5\text{-}7)$$

由式(5-7)可知，通过改变超表面吸波器的结构参数和介质材料，可实现对电磁波在不同介质层的透射和反射幅度的调整，当 $r_{12} = t_{12}t_{21}\mathrm{e}^{-2\mathrm{i}\varphi}$ 时，等效媒质的反射率 $R=0$，吸收率 $A=1$，即可实现完美吸波。

5.2.2.3 等效电路模型理论

如图 5-4 所示，超表面吸波器的顶层超表面结构可由阻抗为 Z_1 的 RLC 电路代替，Z_2 代表底层金属的等效阻抗，对于金属反射板结构而言，$Z_2=0$。

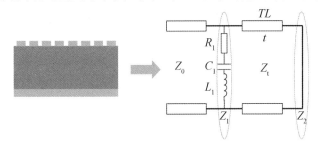

图 5-4　超表面吸波器的等效电路模型示意图

结合等效电路模型和 S 矩阵可以得出[213]：

$$Z_1 = \frac{Z_t Z_0 \left[Z_t - \dfrac{\mathrm{j}Z_0}{\tan(\gamma t)} \right]}{Z_t^2 + \dfrac{Z_0^2}{\tan^2(\gamma t)}} \qquad (5\text{-}8)$$

$$S_{11} = \frac{\dfrac{Z_0 Z_1}{\tan(\gamma t)} + \mathrm{j}Z_t(Z_1 - Z_0)}{\dfrac{Z_0 Z_1}{\tan(\gamma t)} + \mathrm{j}Z_t(Z_1 + Z_0)} \qquad (5\text{-}9)$$

其中，Z_t 为介质层的特征阻抗；γ 为介质材料的传播常数；t 为介质层厚度。

除了上述提及的方法，还有一些其他理论分析方法，例如谐振器理论、Fabry-Perot 腔体理论和 Mie 散射理论等。总的来说，吸波器的主要研究目标是解决阻抗匹配问题，S 参数可用于描述反射率和吸收率，并可在实际测试中直接测量。尽管上述理论方法在应用中仍有限制，但通过仿真软件和数值算法的优化可以指导设计，并能弥补性能上的不足。

5.3 "倒置十字星结构" 高 Q 值吸波器

2008 年，Landy N I 等人利用 LC 金属谐振器和介电板另一侧的微带线，首次在 11.48 GHz 频点实现了具有 96% 吸收率的超表面吸波器。如图 5-5（a）所示，该吸波器介质厚度为 0.72 mm，半峰全宽 FWHM（full width at half maximum）为 4%，品质因数 Q 值为 25[115]。这种吸波器具有重量轻、厚度薄、吸收率高、频率设计灵活等优势，使得该技术引起了广泛的关注。这一研究成果为电磁波调控和相关领域的进一步发展提供了重要的基础。

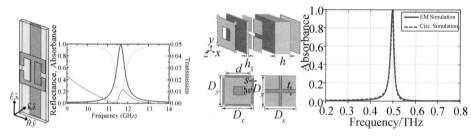

（a）首次提出的超表面吸波器[115]　　　　　（b）多层超表面高 Q 值吸波器[121]

图 5-5　超表面完美吸波器相关报道

然而，如何设计厚度更薄、Q 值更高、角度极化更不敏感的超表面完美吸波器，仍然是一个具有挑战性的问题。这种高 Q 值吸波器产生的窄带共振对薄膜材料涂层的高灵敏度可用于折射率传感应用；此外，它在雷达散射面积（RCS）降低和非冷却实时成像方面也有广泛的潜在应用。在文献 [121] 中，Amir E 等人实现了 Q 值为 29 的超表面吸波器，如图 5-5（b）所示。然而，这种多层布局增加了结构的复杂性和制备的难度。为此，本节提出了一种工作在微波频率范围内的高 Q 值超薄的超表面吸波器，该吸波器拓扑结构简单且易于构建，并且可以很容易地应用于更高的频段，如毫米波段和太赫兹波段。

5.3.1 结构设计

如图 5-6 所示，所提出的超表面完美吸波器为典型的"三明治"型结构，从上至下依次为周期性图案分布的"倒置十字星"超表面结构、有耗介质衬底和背面金属反射板。其中，有耗介质衬底为 Rogers RT/duroid 5880(tm)，其相对介电常数为 2.2，电损耗角正切为 0.000 9，衬底厚度为 0.127 mm。两侧金属为金属铜，厚度为 2 μm，电导率为 5.8×10^7 S/m。背面连续的金属反射板起到阻挡电磁波传播的作用。本节设计的"倒置十字星"型超表面吸波器由四个楔形金属贴片组成，每个贴片倒置后尖角对齐单元中心分布，优化后的几何尺寸为 $W = 2.4$ mm，$L_s = 0.1$ mm，$L_t = 2$ mm，$P = 10$ mm。该吸波器结构简单、形状对称，可采用成熟的 PCB 工艺制备。

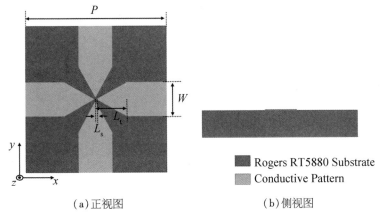

（a）正视图   （b）侧视图

图 5-6 "倒置十字星结构"高 Q 值吸波器的单元结构示意图

为了获得该超表面吸波器的 S 参数和吸收率，利用商用电磁仿真软件进行了周期性边界条件下的 FIT 数值模拟。如上节所述，吸收率计算公式为 $A = 1 - R - T$，其中 $R = |S_{11}|^2$，$T = |S_{21}|^2$。由于金属反射板的引入，透射率 T 可以近似为 0，因此通过最小化反射系数即可获得最大的吸收效率。电磁波正入射下的仿真结果如图 5-7 所示。TE 和 TM 极化下的吸收率 A 的光谱完全重合，表明该吸波器具有优异的极化不敏感特性，这是由于其轴对称结构导致的。明显地，该吸波器在 12.56 GHz 处的 S_{11} 约为 -25 dB，最大吸收率为 99.7%，半峰全宽 FWHM 为 180 MHz(12.5 ~ 12.68 GHz)，展现出了完美的窄带高效吸收特性。在实际应用中，窄带超表面吸波器的品质因数 Q 值决定了传感器的灵敏度和分辨率。Q 值可以定义为 $Q(f) = f_0/\text{FWHM}$，其中 f_0 为吸收峰的共振频率点。在本设计中，吸收峰 12.56 GHz 处的 Q 值达到了 69.8，表明所提出的窄带超表面吸波器具有良好的灵敏度。

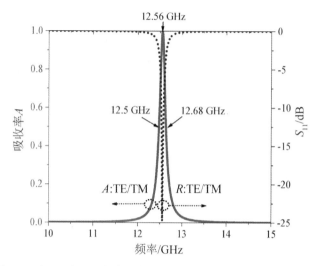

图 5-7   在 TE 和 TM 极化下超表面吸波器的仿真 S_{11} 和吸收率 A

5.3.2 吸波性能分析

5.3.2.1 吸收机理分析

为了揭示所提出的超表面吸波器的吸收机理，仿真分析了吸收峰频率为 12.56 GHz 处的电场和表面电流分布。如图 5-8(a) 和图 5-8(b) 所示，在 TE 和 TM 极化下，吸收峰处的电场分布主要集中在"倒置十字星"的四个楔形结构边缘。这表明，所提出的超表面吸波器的电场吸收效应归因于"倒置十字星"结构与入射电磁波之间产生的强 LC 耦合效应，从而将电场能量束缚在吸波器中。值得注意的是，由于所提出的吸波器的轴对称结构，TM 极化的电场分布与 TE 极化的电场分布仅存在一个 90° 方位角的旋转，二者之间的场分布和吸收效应是完全相同的。如图 5-8(c) 和图 5-8(d) 所示，"倒置十字星"结构和金属反射面的表面电流分布方向是反向平行的，二者之间形成了一个等效电流环。这个电流环在超表面吸波器中形成了一个磁共振效应。具体来说，根据伦茨定律，电流环产生的感应磁场会阻碍入射磁场的变化，进而实现完美吸收。

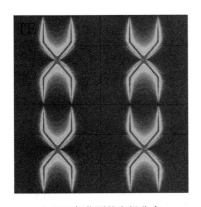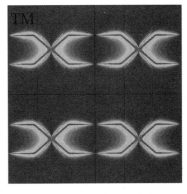

（a）TE 极化下的电场分布　　　　　　　　（b）TM 极化下的电场分布

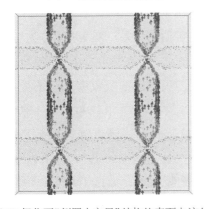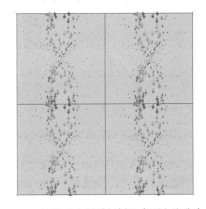

（c）TE 极化下"倒置十字星"结构的表面电流分布　　（d）TE 极化下金属反射板的表面电流分布

图 5-8　吸收峰 12.56 GHz 处的电场和表面电流分布仿真结果

对吸收机理进一步的分析。如图 5-9 所示，"倒置十字星"的四个楔形金属结构相当于等效电感 L_m。此外，在入射电磁波的作用下，电荷会集中在 4 个楔形结构之间的缝隙区域，从而形成等效电容 C_m。因此，所提出的超表面吸波器可以构建出受外加电磁场影响的电流环和电荷积累区，从而导致共振并实现吸收特性。磁共振吸收的频率主要由等效电容 C_m 和电感 L_m 决定。另外，谐振频率固定时，电容 C_m 越大，吸收带宽越窄，Q 值越高[121]。在本设计中，4 个紧密倒置的楔形金属贴片增强了电荷的局域化，与分裂共振环 SRR、偶极子圆环、偶极子十字架等传统的共振结构相比，具有更大的有效电容。正是由于这种高电荷局域性，实现了该"倒置十字星"超表面吸波器的高 Q 值吸收特性。

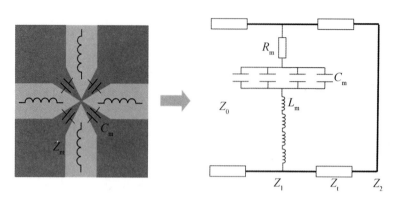

图 5-9   超表面吸波器的等效电路原理图

5.3.2.2   极化和角度敏感性分析

接下来进一步研究了吸收率与偏振和入射角的关系。图 5-10(a)为电磁波在非垂直入射下的环境示意图,其极化偏振角为 φ,入射角为 θ。如图 5-10(b)所示,随着偏振角 φ 在 0°~90°范围内变化,吸波器的吸收率完全不受影响,展现出绝对的偏振不灵敏,这归因于所设计的"倒置十字星"的对称结构。图 5-10(c)和图 5-10(d)分别显示了 TE 和 TM 极化在不同入射角 θ 从 0°到 80°时的吸收曲线与频率的关系。可以看出,当入射角增加到 70°时,所设计的超表面吸波器在 TE 极化下仍能保持 85% 左右的吸收率,而在 TM 极化下仍能保持 99% 以上的吸收率。显然,该超表面吸波器在 TE 和 TM 极化下均具有优异的入射角度不敏感特性,这对吸波器的传感探测潜在应用具有重要的意义。从图 5-10(c)和图 5-10(d)中可以看出,在 TM 极化下,吸波器具有更好的广角吸收稳定性。这是因为,当电磁波入射至吸波器表面时,TM 极化的磁场总是沿着 x 方向,所以吸波器总是有很强的磁共振。但对于 TE 极化来说,随着入射角的增大,磁场在 x 方向的分量逐渐减小,这将导致磁共振减弱,最终导致吸波器与自由空间之间阻抗失配。因此,对于超表面吸波器而言,在 TE 极化下保持较高的吸收率更加困难。

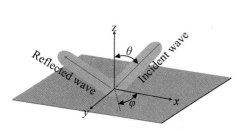 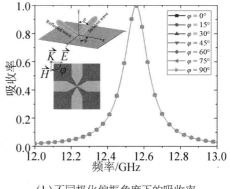

（a）极化偏振角 φ 和入射角 θ 下电磁波示意图　　　（b）不同极化偏振角度下的吸收率

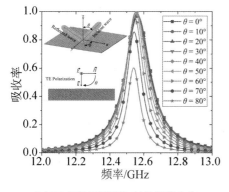 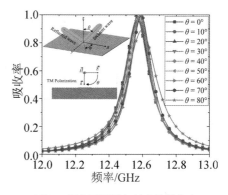

（c）TE 极化下不同入射角的吸收率　　　（d）TM 极化下不同入射角的吸收率

图 5-10　不同极化和入射角下的仿真结果

5.3.2.3　参数影响分析

如图 5-11 所示，仿真分析了不同缝隙长度 L_s 和枝节长度 L_t 下超表面吸波器吸收率的变化。随着 L_s 从 0.05 mm 增加到 0.25 mm，超表面吸波器共振吸收峰的工作频率从 12.56 GHz 逐渐上升到 12.8 GHz。当枝节长度 L_t 从 1.8 mm 增加到 2.6 mm 时，谐振频率从 12.3 GHz 平滑地转移到 13.4 GHz。通过精心设计"倒置十字星"结构的尺寸参数，可以灵活调节所需的吸收频点。这是因为，随着 L_s 的增大，电流环的有效长度和等效电感 L_m 将相应减小。同样地，随着 L_t 的增大，电荷所占图案的有效面积 σ_{eff} 将会降低，从而导致等效电容 C_m 减小。此外，超表面与金属反射板之间的等效电容 C_s 也会减小。由此可知，根据 $f \propto 1/\sqrt{L_m(C_m+C_s)}$，$L_m$、$C_m$、$C_s$ 的减小将会导致共振吸收峰的共振频率向高频偏移。

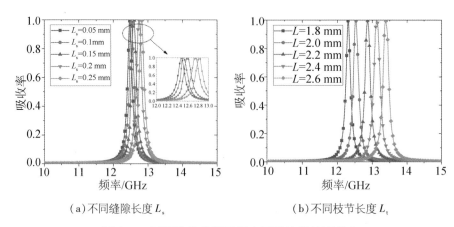

（a）不同缝隙长度 L_s 　　　　（b）不同枝节长度 L_t

图 5-11　不同结构参数下超表面吸波器的吸收率

进一步分析了不同介质衬底的相对介电常数 ε_r 和厚度 t 下的吸收率。如图 5-12（a）所示，随着相对介电常数 ε_r 从 1.8 增加到 2.6，吸收峰的工作频率逐渐从 13.8 GHz 下降至 11.6 GHz。这是因为，随着 ε_r 的升高，超表面与金属反射板之间的有效电容 C_s 将会增大，从而引起共振吸收频率往低频移动。如图 5-12（b）所示，仿真分析了不同介质厚度下的吸收率，可见在不同介质厚度下，吸波器的吸收率和共振吸收频点均有变化，因此，通过优化设计选定合适的介质厚度也是非常重要的。

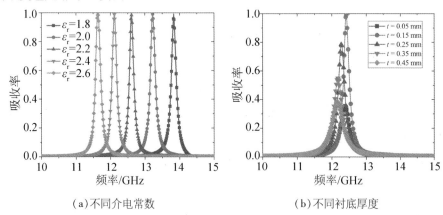

（a）不同介电常数 　　　　（b）不同衬底厚度

图 5-12　不同介质参数下超表面吸波器的吸收率

这种不同结构参数对吸波器工作频点影响的现象，与上节所述的介质电损耗型吸波器的分析结论相对应。也就是说，这种介质电损耗型的吸波器的吸收特性是由顶层超表面与入射波之间的强耦合导致的，这种耦合产生的单频共振将电磁波束缚在顶层超表面与底层金属反射板之间，通过多次反射后最终在介质层中被彻底耗散。值得注意的是，超表面结构的选定和设计是决定吸波器工作性能的关键，而介质材料的选择对吸收频点也起到重要的影响。因此，在实际设计中，通常是先确定介质材料的属性和厚度，再设计超表面结构以适应介质材料。

5.3.3 薄膜材料的折射率传感潜在应用

为了研究该超表面吸波器作为折射率传感器时的电磁响应，将待测薄膜材料涂覆或紧密放置在"倒置十字星"谐振阵列表面，如图5-13(a)所示，并使用有限积分法和有限元法两种不同的软件对其吸收特性进行仿真分析。在折射率传感中，吸波器的共振吸收频率主要由有效电容 C_m 和有效电感 L_m 决定。其中，吸波器的有效电感 L_m 由超表面自身结构决定，不受待测物的影响。然而，当待测物被涂覆在吸波器表面时，会形成一个新的等效电容 C_a，该电容值与待测物的厚度和自身折射率有关。因此，根据 $f \propto 1/\sqrt{L_m(C_m + C_a)}$，吸波器的共振频率偏差与折射率之间的关系可以由超表面与待测物之间的等效电容 C_a 来推导[40]。

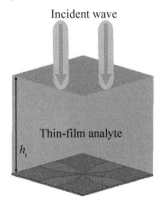

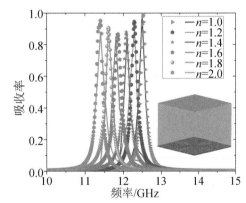

(a) 超表面吸波器与薄膜材料的放置示意图

(b) 吸波器吸收频率与待测物不同折射率之间的关系（Symbol 线：有限积分法，实线：有限元法）

图5-13　超表面吸波器的薄膜材料折射率传感应用

分别采用基于有限积分法和基于有限元法的商用仿真软件对薄膜材料的折射率传感特性进行数值仿真分析。由于生活中的大多数生物化学分子的折射率范围均为 1~2，因此，在仿真设置中，将待测薄膜材料的折射率范围设置为

$1 \sim 2$，厚度固定为 $h_{\text{t}} = 10$ mm。如图 5-13（b）所示，随着待测物的折射率从 $n = 1$ 逐渐增大到 $n = 2$，所设计的超表面吸波器的共振吸收频率逐渐从 12.56 GHz 均匀地移动到 11.38 GHz，最大频移值为 1.18 GHz。很明显，随着薄膜待测物折射率的增加，吸波器的共振吸收频点逐渐降低。这是因为，薄膜材料的介电常数大于真空中的值，薄膜材料的介电常数（介电常数为折射率的平方）越大，则附加的等效电容 C_{a} 也就越大。通过计算可知，该超表面吸波器的折射率单位灵敏度 $S(f) = 1.18$ GHz/RIU，$FoM = S(f)/FWHM = 6.56$，其中，RIU、FoM 和 $FWHM$ 分别是折射率单位、传感品质因数（Figure of merit）和半峰全宽的缩写。有限积分法和有限元法两种不同计算方法下的吸收频谱存在微小的偏差，这主要是由不同的软件计算方式导致的。

为了直观显示共振吸收频率的频移 Δf 与薄膜材料折射率之间的关系，本书采用一次方程对二者之间的关系做出了线性拟合。如图 5-14（a）所示，随着折射率 n 的增加，共振吸收频点的移动极为均匀，两者之间呈明显的线性关系。对共振吸收频点 f 与折射率 n 之间的关系、相对共振吸收频移值 $\Delta f/f_0$ 与折射率 n 之间的关系做线性拟合，拟合结果（实线）与仿真结果（点）具有非常高的相关性，拟合函数可以表示为

$$f = -1.154 \cdot n + 13.68 \tag{5-10}$$

$$\Delta f/f_0 = 9.206 \cdot n - 9.252 \tag{5-11}$$

式中，当折射率 $n = 1$ 时，f_0 的初始共振吸收频率为 12.56 GHz。当调整超表面吸波器的结构参数时，初始的吸收共振频率会发生相应的变化，即随着枝节长度 L_{t} 从 1.8 mm 增加到 2.6 mm 时，初始谐振频率将从 12.3 GHz 增加至 13.4 GHz。但尽管如此，如图 5-14（b）所示，相对频移值 $\Delta f/f_0$ 与折射率 n 之间的关系依旧是相对稳定的。因此，该超表面吸波器具有非常优异的传感灵敏度和传感稳定性，这主要得益于吸波器自身突出的高品质因数 Q 值。

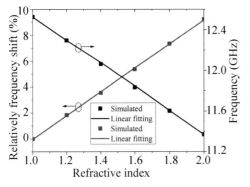 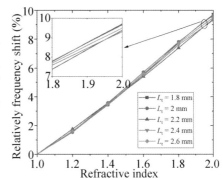

（a）吸收频移与待测物折射率之间的拟合曲线　　（b）不同枝节长度 L_t 下吸收频移与待测
　　　　　　　　　　　　　　　　　　　　　物折射率之间的关系

图 5-14　超表面吸波器的吸收频移与待测物折射率之间的关系

　　此外，还分析了待测薄膜材料的厚度对该超表面吸波器折射率传感灵敏度的影响。如图 5-15 所示，随着待测物的厚度 h_t 从 0.1 mm 逐渐增加到 1 mm，所提出的超表面吸波器的折射率灵敏度从 0.6 GHz/RIU 增加到 1.05 GHz/RIU，整个过程呈指数增长。这是因为随着待测物厚度的增加，超表面吸波器的表面共振电磁场逐渐从与待测物的部分接触转变为完全接触，从而提高了灵敏度。但是，超表面吸波器周围的共振场属于近场，共振场的能量超过一定值后便会降低。因此，随着待测物厚度从 1 mm 增加到 10 mm，超表面吸波器的折射率灵敏度从 1.05 GHz/RIU 略微增加到 1.18 GHz/RIU，并逐渐饱和。因此，对于超表面吸波器，应根据实际需要，在共振阵列的表面涂覆一定厚度的薄膜材料，如 10 mm，以获得最优的折射率传感灵敏度。

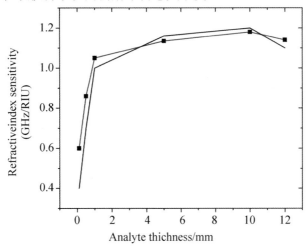

图 5-15　薄膜材料的厚度对传感器单位灵敏度的影响（Symbol 线：有限积分法，实线：有限元法）

进一步地，该超表面吸波器不仅对于生物化学大分子形成的薄膜材料，还可实现对传统电气领域中的绝缘材料及溶液的折射率传感探测。例如，不同类型的车用汽车汽油具有不同的介电常数，90#汽油的介电常数为2.01，折射率为1.42、93#汽油的介电常数为2.11，折射率为1.45；97#汽油的介电常数为2.25，折射率为1.5。代入式（5-10）可知，其分别对应的共振吸收频段应为12.04 GHz，12 GHz，11.95 GHz。在传感探测中，只需多次测出并校准待测汽油对应的共振吸收频点，然后与拟合数据相对比则可区分出具体的汽油型号。

5.3.4 加工测试

在0.127 mm厚Rogers RT5880衬底上制备了该超表面完美吸波器，其金属厚度为2 μm，如图5-16(a)所示，整体尺寸为20 cm×20 cm。测试平台设置示意图和测量环境图分别如图5-16(b)和图5-16(c)所示。在测量中，将超表面吸波器放置在微波暗室的旋转平台上，标准的X波段(8～12 GHz)和Ku波段(12～18 GHz)的喇叭天线作为电磁信号的发射和接收器。测试之前，采用金属反射板对测试系统进行校准，以校准发射源和接收系统之间的电磁信号传输衰减以及其他相关参数。

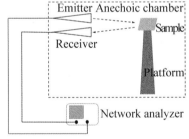

(a)实物图　　　(b)测试平台设置示意图　　　(c)测试环境图

图5-16　超表面吸波器的测试图

图5-17为超表面吸波器在TE和TM极化下，垂直入射时的实测单稳态雷达散射面积(Radar Cross Section，RCS)曲线。测试结果表明，在吸波器工作频率范围内，该超表面吸波器在不同极化下的RCS均低于PEC金属反射板的RCS，在12.28 GHz时RCS降低幅度在20 dBsm以上。因此，该超表面吸波器具有优异的RCS降低特性，且TM极化和TE极化的RCS曲线基本一致，验证

了该设计的极化不敏感性。

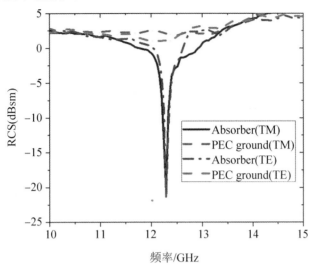

图 5-17　超表面吸波器的实测雷达散射面积随频率的变化结果图

5.3.5　实测吸收率的计算原理

测得吸波器的 RCS 参数后，本书对实际的吸收率进行了计算。

由于金属反射板的存在，在透射系数 $T = 0$ 的基础上，超表面吸波器的吸收率可由以下公式计算：

$$A = 1 - R = 1 - |S_{11}|^2 \tag{5-12}$$

其中，输入端口的散射参量可表示为

$$|S_{11}|^2 = \frac{|E^r|^2}{|E^i|^2} \tag{5-13}$$

其中，E^r 和 E^i 分别为接收器接收到的反射电场能量和发射器发射的电场能量。与此同时，RCS 的计算公式为

$$\sigma = \lim_{R \to \infty} 4\pi R^2 \frac{|E^s|^2}{|E^i|^2} \tag{5-14}$$

其中，E^s 为散射场能量，R 为探测距离。在正入射单稳态 RCS、超表面吸波器的透射率为 $T = 0$ 的情况下，可以假定 $E^s = E^r$，即可得到：

$$\sigma = \lim_{R \to \infty} 4\pi R^2 \frac{|E^r|^2}{|E^i|^2} \tag{5-15}$$

也就是说，RCS 的计算公式可表示为

$$\sigma = \lim_{R \to \infty} 4\pi R^2 \left| S_{11} \right|^2 = \lim_{R \to \infty} 4\pi R^2 (1 - A) \tag{5-16}$$

其中，σ 和 S_{11} 均为百分率形式。

此外，由于 PEC 金属反射板校准结构的吸收率等于零。因此，在相同的测量环境和设置下，通过将超表面吸波器的 RCS 与 PEC 金属反射板的 RCS 进行比较，可以得出吸波器的吸收率，即为

$$\frac{\sigma_{\text{Absorber}}}{\sigma_{\text{PEC}}} = 1 - A \tag{5-17}$$

$$A = 1 - \frac{\sigma_{\text{Absorber}}}{\sigma_{\text{PEC}}} \tag{5-18}$$

将 σ 换算为 dB 形式，则吸收率表示为

$$A = 1 - 10^{\frac{(\sigma_{\text{Absorber}} - \sigma_{\text{PEC}}) dB}{10}} \tag{5-19}$$

因此，根据式(5-19)，该超表面吸波器的实测吸收率如图 5-18 所示。在 12.29 GHz 处测得的 TE 和 TM 极化下的吸收率均为 99.4%，与仿真结果的共振吸收频点 12.56 GHz 略有偏差。造成测量误差的原因可能有以下几点：（1）矢量网络分析仪的噪声和校准误差可能导致 TE 和 TM 的 RCS 略有不同；（2）在测量时，将 0.127 mm 厚的 RT 5880 软基板平铺在垂直的金属板上，放置后的吸波器表面可能存在不平整，从而导致测试结果的偏差；（3）超表面的加工误差也会导致测量结果的偏差。

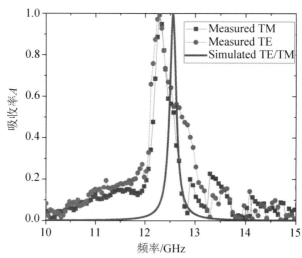

图 5-18　超表面吸波器的实测吸收率结果图

见表 5-1 所列，将本节设计的"倒置十字星"高 Q 值吸波器的性能与近期报道的窄带吸波器进行比较。明显地，本节设计的吸波器具有高 Q 值（高达 69.8）、厚度超薄（仅为 $\lambda_0/188$）、极好的角度不灵敏等优点。此外，该吸波器设计简便、结构简单、制备方便，符合超表面吸波器的要求。该吸波器在折射率传感方面具有显著的灵敏度和线性度，且在 RCS 降低等领域也具有潜在的应用前景。

表 5-1　与其他超表面窄带吸波器的性能对比

文献	频率/GHz	厚度/$\lambda_0 \times 10^{-3}$	Q 值	角度敏感度/$A > 90\%$	极化无关性
[214]	5.57	9.28	25.3	40° for TE 60° for TM	YES
[215]	3.25	10.83	NA	60°	YES
[216]	10.28	10.28	20.56	40° for TE 60° for TM	YES
[121]	500	166.67	29	60°	YES
[217]	2.4/5.2/5.8	3	NA	40°	YES
[218]	105.7	52	19.57	NA	NO
本研究	**12.56**	**5.32**	**69.8**	**65° for TE** **80° for TM**	YES

5.4　太赫兹双频段超表面吸波器

2008 年，Tao H 等人在太赫兹频段内实现了首个窄带超表面完美吸波器[116]，该结构为金属开口谐振环超表面—PI 衬底—金属反射板形成的"三明治"型结构，可在 1.6 THz 实现完美吸收。此后，人们对窄带太赫兹超表面吸波器进行了大量的研究，并挖掘了它们在无损折射率传感中的潜在应用。由于工作在太赫兹频段的超表面吸波器的制备和测量仍然具有挑战性，许多研究仍仅局限于仿真分析，因此，实验验证是必不可少的。

5.4.1 结构设计

所提出的太赫兹双频段超表面吸波器的结构示意图如图 5-19 所示，该吸波器由周期性的"十字-圆环"结构、苯并环丁烯（Benzocyclobutene，BCB）介电层和背面金属反射板组成，采用硅衬底作为整个"三明治"结构的支撑。"十字-圆环"超表面结构是利用不同几何形状的单元结构周期性排列来实现双频吸收的，这种超表面图案具有结构简单、制作方便等优点，具有较好的吸收性能。超表面结构产生的偶极子共振能有效地将入射电磁能量限制在中间介电层区间内，介质电损耗是该吸波器的吸收原理。本设计中，"十字-圆环"结构的宽度 $W = 2$ μm，长度 $L = 82$ μm，半径 $R = 55.5$ μm，吸波器单元周期长度 $P = 140$ μm。顶部金属金、底部金属金、BCB 和硅衬底的厚度分别为 0.5 μm、1 μm、10 μm 和 100 μm。根据工作频率和工艺限制选择最佳尺寸，即模拟 L、R 和 P 的尺寸，以获得 0.6 THz 和 1.2 THz 的完美吸收性能，各薄膜的宽度和厚度由微纳加工工艺决定。其中，有耗介质衬底 BCB 的相对介电常数为 2.7，两侧金属为金属金，电导率为 4.56×10^7 S/m。

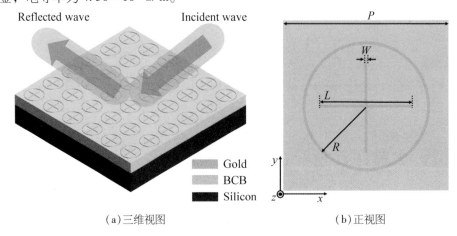

（a）三维视图 （b）正视图

图 5-19 太赫兹双频段超表面吸波器的结构示意图

同样地，利用商用电磁仿真软件仿真了该太赫兹吸收器的 S 参数。在仿真中，源端口和接收端口分别设置为 z 方向的正 Floquet 端口和负 Floquet 端口。并在 x 和 y 方向上设置周期边界条件来模拟无限周期阵列。其中，网格划分设置应尽可能满足收敛性和精度的要求。通过 FIT 数值模拟可以计算出 S_{21} 和 S_{11}。在该结构中，金属反射板可起到防止太赫兹电磁波传输的作用，因此 S_{21} 应为

零。因此，可以估计吸收率 $A = 1 - R$，其中 $R = |S_{11}|^2$。在正入射 TE 和 TM 极化波下太赫兹超表面吸波器的仿真 S_{11} 和吸收率 A 如图 5-20 所示。两种极化的 S 参数和吸收光谱完全重叠，这是由"十字圆环"结构的几何对称性决定的，其可显示出显著的极化无关特征。显然，该吸波器在 0.6 THz 和 1.2 THz 处实现了两个完美的吸收频率点，吸收率高于 99.7%，对应的 S_{11} 分别约为 25 dB 和 40 dB，这表明所提出的太赫兹超表面吸波器具有优异的吸收性能。此外，该吸波器在 0.6 THz 和 1.2 THz 处的半峰全宽 FWHM 分别为 27 GHz(0.595 THz ~ 0.622 THz)和 42 GHz(1.183 ~ 1.225 THz)，对应的品质因数 Q 值分别为 22.2 和 28.6。如 5.2 节所述，这种由偶极子圆环和偶极子"十字架"产生的共振吸收实现的 Q 值是达不到"倒置十字星"结构的高 Q 值特性的。

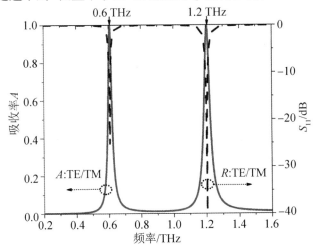

图 5-20　在 TE 和 TM 极化波下太赫兹超表面吸波器的仿真 S_{11} 和吸收率 A

5.4.2　吸波性能分析

5.4.2.1　吸收机理分析

为了揭示"十字-圆环"形太赫兹超表面吸波器的吸收机理，仿真分析了 TE 极化下吸收峰频率 0.6 THz 和 1.2 THz 处的电场和表面电流分布。如图 5-21(a)和图 5-21(b)所示分别为 0.6 THz 和 1.2 THz 处超表面的电场能量分布图，其中电场分布为电场绝对值($|E|$)的电场 z 分量(E_z)。从图中明显可以看出，吸收峰 0.6 THz 处的电场分布主要集中在"圆环"结构的上下边缘，而吸收峰 1.2 THz 处的电场分布主要集中在"十字"结构的上下边缘。这表明，本设计的太赫

兹双频段超表面吸波器的两个吸收频点分别来源于"圆环"和"十字"形谐振结构的组合。通过将不同的谐振结构融合在一个周期单元中实现吸收峰的叠加，这也是多频吸波器的常用方法。同样地，由于该吸波器的轴对称结构，TM 极化下的电场分布与 TE 极化下的电场分布仅存在一个 90° 方位角的旋转关系，二者之间的场分布和吸收效应是完全相同的。

顶层超表面和底层金属反射板的表面电流分布如图 5-21(c) 至图 5-21(f) 所示。从电流分布图可以看出，"圆环"和"十字"形的谐振结构可对入射太赫兹波的电场产生极强的耦合，导致表面电荷沿外加电场振荡，并在 0.6 THz 和 1.2 THz 处分别产生两个独立的电偶极子响应；而入射太赫兹波的磁场则会在顶层超表面结构和底层金属反射板之间产生强耦合，在二者表面形成一个反向平行的表面电流环，而电流环产生的感应磁场会阻碍入射电磁波的变化。因此，该吸波器在金属层之间分别建立了共振频率为 0.6 THz 和 1.2 THz 的两个强局域耦合，有效地将入射电磁能量束缚在中间介质层区域，并最终通过热耗散的方式完全吸收。这使得该吸波器具有出色的吸收性能。

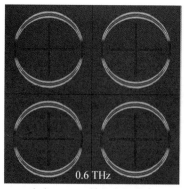
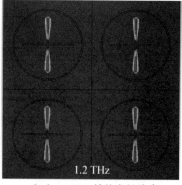

（a）0.6 THz处的电场分布　　　　（b）1.2 THz处的电场分布

（c）0.6 THz处的超表面电流分布　（d）1.2 THz处的超表面电流分布

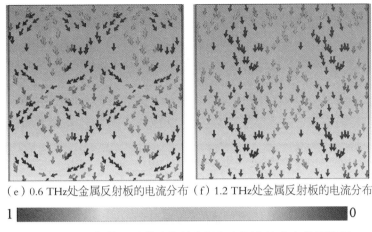

（e）0.6 THz处金属反射板的电流分布 （f）1.2 THz处金属反射板的电流分布

1 ⬛▬▬▬▬▬▬▬▬▬▬▬▬▬▬▬▬▬▬⬜ 0

图 5-21　TE 极化下吸收峰处的电场和表面电流分布仿真结果

5.4.2.2　极化和角度敏感性分析

接下来进一步研究了吸收率与偏振和入射角的关系。图 5-22(a)所示为太赫兹波在非垂直入射下的环境示意图，其极化偏振角为 φ，入射角为 θ。如图 5-22(b)所示，随着偏振角 φ 在 0°～90°范围内变化，吸波器的吸收率完全不受影响，展现出了绝对的偏振不灵敏，这归因于所设计的"十字-圆环"的对称结构。图 5-22(c)和图 5-22(d)分别显示了 TE 和 TM 极化在不同入射角 θ 从 10°到 70°时的吸收曲线与频率的关系，角度递增步进为 20°。可以看出，当入射角增加到 50°时，所设计的超表面吸波器在 TE 极化下仍能保持 80% 左右的吸收率，而在 TM 极化下的入射角增加到 70°时仍能保持 80% 以上的吸收率。显然，该超表面吸波器在 TE 和 TM 极化下均具有较好的入射角度不敏感特性，这对太赫兹吸波器的传感探测潜在应用具有重要的意义。

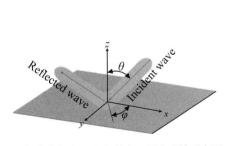

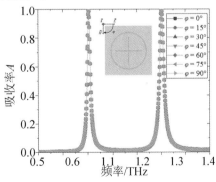

（a）极化偏振角 φ 和入射角 θ 下电磁波示意图　　　（b）不同极化偏振角度下的吸收率

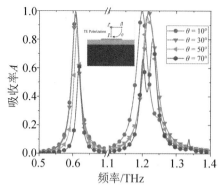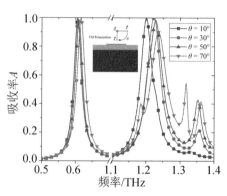

（c）TE极化下不同入射角的吸收率　　　　（d）TM极化下不同入射角的吸收率

图5-22　不同极化和入射角下的仿真结果

5.4.2.3　参数影响分析

此外，仿真分析了结构参数对设计的太赫兹超表面吸波器吸收率的影响。如图5-23（a）和5-23（b）所示，当"十字"长度L从70 μm增加到90 μm时，0.6 THz处的共振吸收频率相对稳定，而1.2 THz处的共振吸收频率从1.4 THz逐渐下降到1.1 THz，对应的波长为214 μm至273 μm。随着"圆环"半径R从50 μm增加到60 μm，0.6 THz处的共振吸收频率从0.68 THz降低到0.57 THz，对应的波长为441 μm至526 μm，而1.2 THz处的共振吸收频率相对固定。这一现象与图5-21中的电场和表面电流分布一致，即0.6 THz和1.2 THz处的谐振吸收频率分别由"圆环"和"十字"结构引起。因此，可以通过控制超表面的几何尺寸来灵活地设计吸波器的工作频率。如图5-12（c）和图5-12（d）所示，仿真分析了不同金属线宽度下的吸收率，由此图可见在不同"圆环"和"十字"线宽下，吸波器的吸收率和共振吸收频点均有微弱的变化，这种变化几乎是可以忽略的。但对于超表面吸波器而言，微结构的尺寸应保证在亚波长尺寸之下。

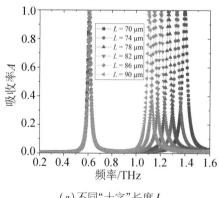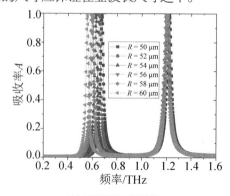

（a）不同"十字"长度L　　　　　　　　（b）不同"圆环"半径R

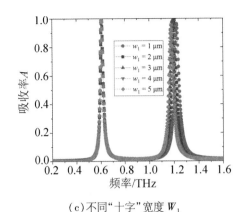

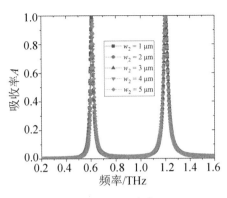

（c）不同"十字"宽度 W_1　　　　　　　（d）不同"圆环"宽度 W_2

图 5-23　不同结构参数下太赫兹超表面吸波器的吸收率

进一步分析了不同介质衬底的相对介电常数 ε_r 和厚度 t 下的吸收率。如图 5-24（a）所示，随着相对介电常数 ε_r 从 2.3 增加到 3.1，两个吸收峰的工作频率分别从 0.65 THz 下降至 0.59 THz、1.28 THz 下降至 1.17 THz。与 5.2 节所述相同，随着 ε_r 的升高，超表面与金属反射板之间的有效电容将会增大，从而引起共振吸收频率往低频移动。如图 5-24（b）所示，仿真分析了不同介质厚度下的吸收率。由此图可见，在不同介质厚度下，吸波器的吸收率和共振吸收频点均有略微的变化，通常可以先根据薄膜工艺要求确定介质材料的厚度，再优化超表面结构以实现完美吸收。

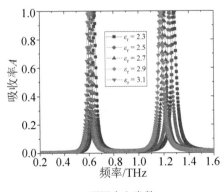

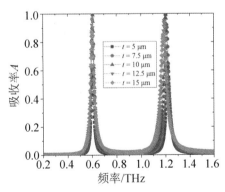

（a）不同介电常数　　　　　　　　　　（b）不同介质厚度

图 5-24　不同介质参数下太赫兹超表面吸波器的吸收率

5.4.3　实验验证

5.4.3.1　太赫兹超材料吸波器的制备

本节设计的太赫兹超表面吸波器的制备流程如图 5-25 所示。整个吸波器的大体制备步骤如下：首先，在真空环境下通过电子束蒸镀方式在 Si 衬底表面沉积金属，实现金属反射板层；其次，将苯并环丁烯（BCB）胶均匀地旋转涂覆在金属反射板上，形成需求厚度的软介质层，每次涂覆后，需在热板加热，使 BCB 膜脱水固化。最后，采用光刻胶旋涂、曝光、显影、剥离等标准光刻技术实现金属超表面图案的制作。

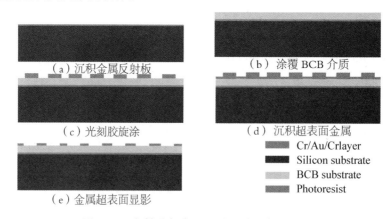

（a）沉积金属反射板　　（b）涂覆 BCB 介质

（c）光刻胶旋涂　　（d）沉积超表面金属

Cr/Au/Crlayer
Silicon substrate
BCB substrate
Photoresist

（e）金属超表面显影

图 5-25　太赫兹超表面吸波器的制备流程图

吸波器制备的具体步骤和工艺包括如下内容。

掩膜版制作：完成吸波器结构尺寸设计后，通过 CAD 绘图软件绘制周期阵列的整体外形，本设计的整体尺寸为 14 mm×14 mm，总共包含一万个周期单元。最后将绘制好的掩膜板采用微纳工艺加工。

基底清洗：为了预防基底污染对后续加工的不利影响，在进行光刻之前需要对硅片进行清洗。对于崭新的硅片，只需使用丙酮溶液进行简单冲洗。而对于已使用过的硅片，则可采用稀释的 NH_4OH 溶液进行浸泡清洗，随后进行充分的去离子水冲洗，最后使用氮气吹干，以便后续使用。这一步骤的目的是确保硅片的表面干净无污染，以维护加工的质量和稳定性。

金属蒸镀：为了实现所需厚度的金属薄膜在结构表面上均匀沉积，采用了在真空环境中加热金属颗粒使其气化的方法。在本节设计的太赫兹超表面吸波器中，需要进行两次蒸镀过程。首先，通过蒸镀技术将金属沉积在硅(Si)基底上，形成金属反射板层。其次，进行第二次蒸镀，将金属层沉积在光刻胶表面。在曝光后，金属将仅在没有涂覆光刻胶的区域上沉积，覆盖在下一层的介质层上。

涂胶：首先，将经过清洗的硅(Si)片置于甩胶机的载物台上，并使用真空吸附装置固定。其次，使用吸管滴加适量的光刻胶到硅基底上。通过将硅基底高速放置在旋转盘上，并利用离心力的作用，可以确保光刻胶均匀地分布在硅基底上。

烘烤：将待烘烤物放入恒温箱中，以释放胶中残余的内应力。

曝光：曝光是一种利用紫外光透过掩膜板处理光刻胶的过程，以增加光刻胶的溶解度，为后续的显影步骤做准备。这一步骤的目的是通过控制光的照射，使光刻胶在特定区域发生化学或物理变化，以实现所需的图案转移。

显影：在曝光之后，将整个结构完全浸泡在显影液中，这将导致经过曝光的光刻胶在显影液中溶解。在显影的过程中，可以轻轻摇动样品结构，以促使光刻胶更快地脱落，并观察结构图案层的情况。

剥离：在镀膜完成后，结构表面将被均匀覆盖一层金属薄膜。需要去除所需金属结构以外的所有金属薄膜。

如图 5-26 所示为太赫兹超表面吸波器的整体结构实物图和显微镜视图。总共制备了 12 片吸波器晶圆，其中六片晶圆的完整度较好，超表面图案清晰、无污染，满足加工制备的需求。

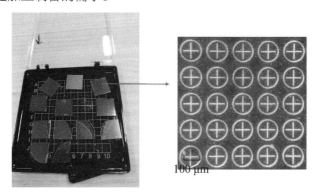

100 μm

图 5-26　太赫兹超表面吸波器的整体结构实物图和显微镜视图

5.4.3.2 太赫兹时域光谱测试平台

由于本节设计的太赫兹超表面吸波器具有 200 nm 厚的金属反射板，太赫兹波无法穿透吸波器，因此本次实验采用的是反射式时域光谱系统平台，在自由空间中对太赫兹吸波器进行测量，环境温度为 20 ~ 24 ℃，相对湿度低于 50%。该系统以 Swiss Terahertz 的 PCA SCANNER 光谱仪为基础，并由独立的 PCA SRS 光电采样器、锁相放大器、斩波器以及搭建的吸波器测试光路部分联合构成。系统的校准、待测物的测量以及数据的采集处理均由计算机控制自动完成。

整个测试平台的系统结构如图 5-27（a）所示，光谱仪中的飞秒激光器产生的激光经过偏振分光棱镜后被分为高功率的泵浦光和低功率的探测光。泵浦光进入光电导天线后激发出载流子，并在偏压的作用下辐射出太赫兹脉冲信号。太赫兹脉冲信号被聚焦到吸波器测试光路中，经过调制斩波器和透镜后形成平行波。平行波透过由硅片做成的分光片后，经第二个透镜聚焦至待测样品表面。样品反射回的太赫兹波经第二透镜转变为平行波，再由分光片反射至第三透镜，最终聚焦至接收的光电导探测器中。探测光从偏振分光棱镜分出，经光谱仪中的光学时延装置后传输至接收探测器中。待测物反射的太赫兹光束与探测光在接收探测器中被整合，并将光信号调制为电流信号，再采用光电采样器检测。得到的信号再由锁相放大器放大后进行计算机处理，最终探测出待测样品反射的太赫兹脉冲的时域波形，再经傅里叶变换后即可进一步计算出待测物的反射光谱和吸收光谱。

如图 5-27（b）所示的吸波器测试光路部分为主要的搭建部分：将分散的光电导天线、光电导探测器、透镜、分光片和待测吸波器固定在安装支架上。首先测量全反射金镜的反射光谱作为待测样品的参考基准，然后将待测物的反射光谱与参考基准对比，计算得出待测物的吸收光谱。由于整个测试光路暴露在自由空间中，空气中的水分子对太赫兹波造成衰减较大，会对时域光谱系统的测量结果产生较为严重的噪声干扰。为了防止测量信号埋没在噪声中，需尽可能地将各分散器件对准，保持一致的高度和角度，以使探测器获得最大的反射太赫兹信号。

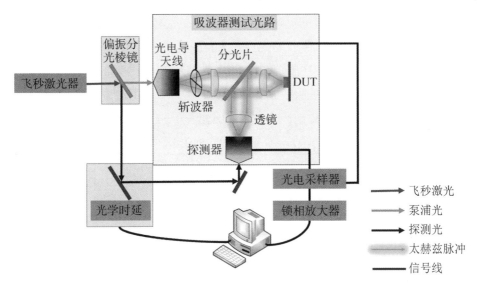

（a）系统结构示意图

（b）吸波器测试光路部分的测试环境图

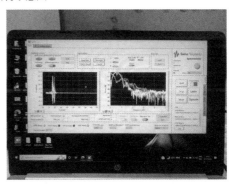

（c）时域与频域的电脑显示画面

图 5-27　太赫兹时域光谱测试平台

如图 5-27（c）所示，在数据采集中，时域脉冲持续时间为 85 ps，步进为 0.1 ps，数据采集点为 850，系统频率分辨率为 0.01 THz。经过对测试光路的精心调节，探测器接收到的最大信号幅度为 3.5×10^{-9}，基本满足测试需求。从频域信号图中可以看出，该系统的有效测试带宽为 0.1 THz 至 1.5 THz，在 1.5 THz 以后的太赫兹信号将被噪声淹没。总的来说，该太赫兹时域光谱测试平台的成本价格远不及系统级 TDS 的一半，且测试范围可达 0.1~1.5 THz，具有较高的普适性。

5.4.3.3　测试结果

本节设计的双频段太赫兹超表面吸波器的吸收频点为 0.6 THz 和 1.2 THz，

满足自建时域光谱测试平台的可测范围。将测得的时域信号通过 MATLAB 进行傅里叶变换，得到吸波器的吸收率光谱。太赫兹超表面吸波器的测试结果图如图 5-28 所示。从测试结果中可以看出，该太赫兹超表面吸波器有两个明显的吸收峰：在 0.55 THz 频点处的吸收率为 80.5%，在 1.15 THz 频率处的吸收率为 91.7%。半峰全宽 FWHM 分别为 40 GHz(0.53 ~ 0.57 THz) 和 40 GHz(1.13 ~ 1.17 THz)，对应的品质因数 Q 值分别为 13.75 和 28.75。

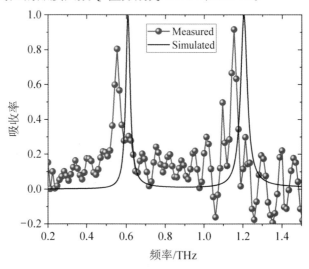

图 5-28　太赫兹超表面吸波器的测试结果图

与仿真结果相比，实验测量的吸收频点略微向低频偏移，这主要是由于样品制作过程中的制备误差和仿真过程中网格精度的不足所导致的。具体来说，在太赫兹频段，样品尺寸均为微纳米级，样品的制备流程较为复杂，而所设计的吸波器的吸收性能对结构的尺寸敏感，关键结构参数 L 和 R 的制备误差将会导致吸收频率点的偏移。测量曲线的波动主要归因于反射式测试系统中太赫兹光束的多次来回折反射、环境杂散信号的干扰以及空气中水分子吸收导致的噪声。为保留最真实的测试结果，本节未对测量数据进行预处理(采用高斯函数等方式作为窗口函数可对太赫兹时域光谱信号的测试数据进行滤波操作，滤除测试曲线的波动)。从整体来看，太赫兹超表面吸波器的实验结果与理论仿真结果的吻合度较高。

5.5 太赫兹超表面吸波器的折射率传感应用实验验证

5.5.1 传感特性分析

如第三节所述,在薄膜材料的折射率传感中,当待测物被涂覆在吸波器表面时,会形成一个等效电容 C_a,该电容值与待测物自身的厚度和折射率有关。由于薄膜材料的折射率大于自由空间的折射率,因此待测物的涂覆将会导致吸波器吸收频点向低频移动。如图 5-29(a)所示,在仿真中,将待测物牢固地覆盖在吸波器的超表面上,并仿真其吸收频率响应。由于本节仅对薄膜材料的折射率进行传感响应研究,因此固定材料厚度为 25 μm。考虑到大多数薄膜的实际材料特性,对折射率范围为 1~2 的待测物进行了仿真分析。如图 5-29(b)所示,随着待测物折射率的增加,太赫兹吸波器的两个共振吸收频点分别从 0.61 THz 和 1.21 THz 移到 0.48 THz 和 0.94 THz,两个吸收频率点的最大频移值分别为 0.13 THz 和 0.27 THz。因此,两个吸收频率点折射率的单位灵敏度分别为 $S_{first}(f) = 0.13$ THz/RIU 和 $S_{second}(f) = 0.27$ THz/RIU,其中 RIU 为折射率单位的缩写,两个吸收频率点的传感品质因数分别为 $Fom_{first} = S_{first}/FWHM_{first} = 5$ 和 $Fom_{second} = S_{second}/FWHM_{second} = 6.75$,其中 $FWHM_{first}$ 和 $FWHM_{second}$ 分别是两个吸收频点的半峰值全宽,分别为 26 GHz 和 40 GHz。因此,通过以上仿真分析表明,本章所设计的太赫兹双频段超表面吸波器可利用金属层之间强局域电磁场增强特性,实现薄膜材料的折射率检测传感。

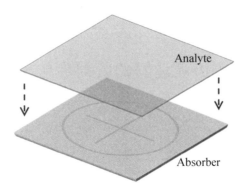

（a）超表面吸波器与薄膜材料的放置示意图

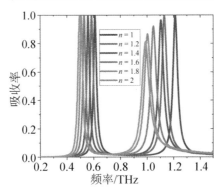

（b）吸波器吸收频率与待测物不同折射率之间的关系

图 5-29　太赫兹双频段超表面吸波器的薄膜材料折射率传感应用

　　为了直观显示共振吸收频率的频移 Δf 与薄膜材料折射率之间的关系，我们采用一次方程对二者之间的关系做了线性拟合。如图 5-30 所示，仿真的吸收频率和相对频移用点表示，实线为其对应的拟合曲线。明显地，随着折射率 n 的增加，共振吸收频点的移动极为均匀，两者之间呈明显的线性关系，两个吸收频率点的最大相对频移值分别为 21.82% 和 22.74%。对两个共振吸收频点 f_1 和 f_2 与折射率 n 之间的关系、相对共振吸收频移值 $\Delta f_1/f_{10}$ 和 $\Delta f_2/f_{20}$ 与折射率 n 之间的关系做线性拟合，拟合结果（实线）与仿真结果（点）具有非常高的相关性，拟合函数可以表示为

$$f_1 = -0.13n + 0.74 \tag{5-12}$$

$$\Delta f_1/f_{10} = 21.73n - 21.89 \tag{5-13}$$

$$f_2 = -0.26n + 1.46 \tag{5-14}$$

$$\Delta f_2/f_{20} = 21.49n - 20.75 \tag{5-15}$$

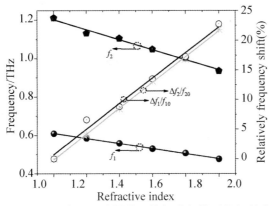

图 5-30　太赫兹双频超表面吸波器的吸收频移与待测物折射率之间的关系

5.5.2　薄膜材料的折射率传感实验验证

为了实验验证折射率传感特性，在吸波器的超表面紧密贴敷厚度为25 μm 的聚酰亚胺(PI)和聚二甲基硅氧烷(PDMS)薄膜材料，材料实物图如图 5-31 所示。

（a）PDMS 薄膜　　　　　　　　（b）PI 薄膜

图 5-31　薄膜材料实物图

无分析物吸波器、贴敷 PDMS 薄膜的吸波器和贴敷 PI 薄膜的吸波器的测量结果如图 5-32 所示。可以看出，第一吸收频率点对样品的折射率传感没有明显响应，这主要是由于贴敷不够紧密以及测量误差导致的。幸运的是，第二吸收频率有明显的频率偏移，验证了该超表面吸波器在折射率传感中的实用性。无分析物吸波器、贴敷 PDMS 薄膜的吸波器和贴敷 PI 薄膜的吸波器的吸收频率点分别为 1. 15 THz、1. 09 THz 和 0. 99 THz。将贴敷 PDMS 薄膜的吸波器和贴敷 PI 薄膜的吸波器的吸收频率值代入式(5-14)中，可推算出 PDMS 和 PI 薄膜对应的折射率分别为 1. 423 和 1. 808。而实际 PDMS 薄膜的折射率为 1. 41，PI 薄膜的折射率为 1. 87，与测试结果具有非常高的吻合度(吻合度分别为 99. 1% 和 96. 7%)。因此，该太赫兹双频段超表面吸波器具有准确的折射率传感性能。在实际应用中，仅需将具有不同折射率的薄膜材料紧贴敷在超表面，即可根据吸波器的吸收频移响应推算出薄膜材料的折射率，这在材料无损检测方面具有潜在的应用前景。

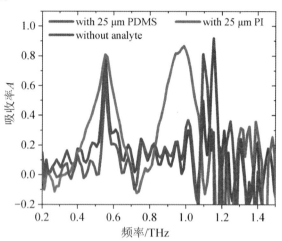

图 5-32　薄膜材料折射率传感测试结果

5.6　本章小结

本章从超表面完美吸波器的介质电损耗基本特性出发，设计了两款窄带超表面吸波器，并对其折射率传感应用进行了进一步的探索验证。首先，提出了一种"倒置十字星结构"的超表面完美吸波器，得益于其独特的电荷束缚特性，该吸波器具有 Q 值高(高达 69. 8)、厚度超薄(仅为 $\lambda_0/188$)、极好的角不灵敏度(65° for TE 波，80° for TM 波)、设计简便、结构简单、制备方便等优点。在微波暗室中，测量了该吸波器的 RCS，利用其 RCS 降低特性推算出了其高达

99.4%的完美吸收率。该吸波器在折射率传感、RCS降低等领域具有潜在的应用前景。此外，设计了一款"十字-圆环结构"的太赫兹双频段超表面完美吸波器，该吸波器在0.6 THz和1.2 THz处实现了两个完美的吸收频率点，吸收率高于99.7%，对应的S_{11}分别约为25 dB和40 dB，这表明其具有优异的完美吸收性能。采用半导体薄膜工艺在硅衬底和BCB介质层上制备了该太赫兹超表面吸波器，并利用太赫兹时域光谱测试平台对样品进行了测试，测试结果与仿真结果具有较高的吻合度。最后，对太赫兹双频段超表面完美吸波器的折射率传感应用进行了实验验证。通过在吸波器表面紧密贴敷厚度为25μm的PDMS和PI薄膜，实现了对两种不同薄膜折射率的传感探知。实验测量得出的PDMS和PI薄膜对应的折射率分别为1.423和1.808，其二者实际自身折射率分别为1.41和1.87，表明该太赫兹双频段超表面吸波器具有较为准确的薄膜折射率传感性能。本章通过对窄带超表面完美吸波器及其折射率传感应用的深入研究，为未来太赫兹超表面器件的实际应用奠定了良好的基础。

第六章

基于石墨烯—二氧化钒的
太赫兹多功能超表面研究

6.1 引言

　　太赫兹超表面作为一种人工复合材料，具有常规材料所不具备的独特特性，在超透镜、完美吸波器、隐形斗篷等诸多领域具有广阔的应用前景。太赫兹吸波器是一种对入射电磁波具有高吸收率的器件，在无线安全、雷达通信和选择性收发器应用中具有迫切的需求。由于天然材料难以在太赫兹波段实现完美吸收，超表面吸波器成为这一领域的研究热点。基于电磁谐振的超表面吸波器在 2008 年被首次提出，其在 11.5 GHz 时的吸收率大于 88%。随后，研究者研究和设计了各种形状各异的超表面吸波器，但大多数吸波器的吸收率和相应的功能通常是固定的，这极大地限制了其应用范围。可调谐或功能可切换的超材料表现出的新反应的能力，这将进一步拓展这一探索，从而引领材料和电磁器件的下一次革命。因此，可调谐的多功能超表面吸波器在太赫兹智能系统中具有重要的应用价值，例如，此类器件可以用于宽带吸收下的物体成像，又可以用于多波段吸收下的物体识别，还可以在透射功能下作为太赫兹波通信。用一个器件实现多种不同的功能，可以大大减小太赫兹系统的尺寸。这种多功能器件对于太赫兹的潜在应用也很有吸引力，比如智能衰减器、反射器和空间调制器等。针对这一问题，本章深入研究了可调谐的多功能超表面吸波器的工作机理，采用可调材料石墨烯和二氧化钒设计了两款具有功能可切换的太赫兹超表面器件，分别实现了宽带吸收-多频吸收可切换功能和宽带吸收-透射开关功能。最后，设计了一款基于二氧化钒电阻膜的双频吸波器，并对其进行了实物加工，采用太赫兹时域光谱系统对其进行了实验验证，通过改变环境温度验证了其温控可调特性。

6.2 石墨烯与二氧化钒材料简介

石墨烯是由碳原子组成的平面六角晶格型的二维单层材料，由于其独特的特性，是可调谐器件的主要候选材料。石墨烯薄膜可以在中红外和太赫兹波段激发表面等离子体激元，其表面电导率可以在固定结构下通过外加偏置电压或化学掺杂调节其费米能级来进行操控。2010 年，Geim 团队采用机械剥离法成功制备出单层石墨烯薄膜后，基于石墨烯的可调太赫兹器件得到了广泛的研究，各种基于石墨烯的具有周期性图案的可调吸波器、极化调制器等会逐渐报道。石墨烯凭借优异的特性，成为各领域炙手可热的研究对象。

从原理上来说，在室温无偏置条件下，石墨烯的表面电导率可由带内跃迁电导率和带间跃迁电导率的 Kubo 公式(单位：S)来确定：

$$\sigma_{inta}(\omega\mu_c\varGamma T) = \frac{je^2}{\pi\hbar^2(\omega-j2\varGamma)} \int_0^\infty \left(\frac{\partial f_d(\xi\mu_c T)}{\partial\xi} - \frac{\partial f_d(-\xi\mu_c T)}{\partial\xi}\right)\xi\partial\xi \quad (6\text{-}1)$$

$$\sigma_{inter}(\omega\mu_c\varGamma T) = \frac{je^2(\omega-j2\varGamma)}{\pi\hbar^2} \int_0^\infty \frac{f_d(\xi\mu_c T)-f_d(-\xi\mu_c T)}{(\omega-j2\varGamma)^2-4\xi/\hbar^2}\partial\xi \quad (6\text{-}1)$$

其中，$f_d(\xi\mu_c T) = [e^{(\xi-\mu_c)/k_B T}+1]^{-1}$ 表示费米能级狄拉克分布；e 为单位电荷；$\hbar$ 为普朗克常量；k_B 为玻尔兹曼常数；$\varGamma = 2\tau^{-1}$ 表示载流子散射率，τ 为石墨烯弛豫时间。此外，ω，ξ，μ_c 和 T 分别代表石墨烯的角频率、能量、费米能级和环境相对温度。在太赫兹频段内(0.1 ~ 10 THz)，由于光子能量远小于费米能级($\hbar\omega\ll u_c$)，电磁波能量不足以激发石墨烯带间能级跃迁，因此，石墨烯的带内跃迁电导率 σ_{intra} 起主要作用，带间跃迁电导率 σ_{inter} 可以忽略不计。因此，从式(6-1)可知，石墨烯的表面电导率即表面等效电阻可由费米能级控制：石墨烯表面等效电阻随化学势的降低而升高。因此，通过外加偏置电压、离子液调控和化学掺杂等方式，可改变石墨烯的费米能级，这会直接导致石墨烯电导率和电阻率的改变，从而实现对石墨烯的动态调谐。通常情况下，采用电控方式实现石墨烯的动态调谐是较为方便的，单层石墨烯的费米能级与外部偏置电压之间的关系可由以下公式得知：

$$\mu_c = \hbar v_f \sqrt{\frac{\pi \varepsilon_r \varepsilon_0 \mid V_{biased} \mid}{et}} \tag{6-3}$$

其中，ε_r 和 ε_0 为介质层的相对介电常数和真空介电常数；$v_f = 10^6$ m/s 为费米速度；t 为介质层厚度；V_{biased} 为外部偏置电压。

因此，对于"三明治结构"的太赫兹吸波器而言，若在石墨烯和电极之间施加不同的直流偏置电压，石墨烯的费米能级将随之改变，从而实现对石墨烯表面电导率和电阻率的动态控制。通常情况下，石墨烯的费米能级可调范围为 -1 eV ~ 1 eV。

然而，大多数仅采用石墨烯超表面实现的太赫兹可调器件的调制深度有限、调控功能单一，这一固有的缺点已经不利于许多智能系统的发展。因此，亟需能同时结合石墨烯和其他独立调控方式的材料，从而实现更丰富的调控特性。在通常情况下，石墨烯的电子迁移率几乎不受外部环境温度的影响，当温度在 50 K 至 500 K 范围内变化时，单层石墨烯的电子迁移率均约为 15 000 cm²/(V·s)。因此，将温控可调材料与石墨烯电控材料相结合，实现具有高调制深度和多调控功能的双控太赫兹吸波器件，是非常具有应用潜力的。

另外，二氧化钒（VO_2）薄膜具有独特的绝缘-金属相变特性。2006 年，Jepsen 等人报道，在环境温度约为 340 K 时，VO_2 的电导率会发生 5 个数量级的显著突变，实现绝缘态与金属态之间的转换，理论电导率变换为 40 S/m 至 4×10^5 S/m。这种独特金属-绝缘体相变特性的原因可以从固体物理学的角度来解释。在高温下，二氧化钒的原子之间的排列相对松散，呈现出一种具有金属特性的正方金红石型结构，导致电子可以自由移动，从而导电。当温度降低到特定临界温度（约 68 ℃）以下时，二氧化钒会发生相变，从金属相转变为绝缘体相。在绝缘体相，原子之间的排列结构会发生变化，形成一种称为单斜晶体的有序结构。在单斜相中，原子之间的距离和排列都变得更加紧密，导致电子难以自由移动，电导率大幅下降，材料变得绝缘。

简言之，二氧化钒具有独特的相变性质，具体表现如下：其相变温度为 68 ℃，这使得相变过程十分易于控制操作；当二氧化钒由绝缘体转变为金属状态时，其电导率会发生显著变化，变化范围高达 5 个数量级；在可逆的相变过程中，二氧化钒的内部分子结构也随之改变，在相变前，钒原子与氧原子相邻，然而当温度达到相变温度时，钒原子会发生位置变化，导致导电性逐渐减弱并引起结构的变化；在低温下，二氧化钒呈绝缘体状态时，对电磁波的透射率较高。而一旦发生相变转化为金属状态后，其透射率明显降低，这是由于金属状态下的等离子振荡所致。

二氧化钒作为可调材料，其相变性质使得它在太赫兹可调功能器件中非常重要。其主要特点包括以下几点。(1)高调制深度特性：二氧化钒在相变过程中，从绝缘体到金属状态的改变会引起其电导率的显著变化，范围高达 5 个数量级，这使得基于二氧化钒超材料的光电功能器件具有较大的动态调节范围和较高的调制深度。(2)快速响应速度：二氧化钒的相变过程可以在纳秒或亚纳秒时间尺度内完成，具有快速的响应速度。这种快速相变特性使得二氧化钒在太赫兹通信和太赫兹成像等实际应用中具有广阔的应用前景。(3)宽频带特性：二氧化钒相变材料在太赫兹频段具有宽带特性，具有覆盖整个太赫兹频段的广阔频率范围，这使得二氧化钒可以应用于宽带太赫兹系统中，实现对多个频率的太赫兹信号进行调制和控制；(4)可逆性和稳定性：二氧化钒的相变过程是可逆的，即可以在不损失性能的情况下进行多次相变。这种可逆性保证了太赫兹可调器件的稳定性和可靠性。

在太赫兹频段，VO_2 薄膜的介电常数可由德鲁德(Drude)模型表示：

$$\varepsilon(\omega) = \varepsilon_\infty - \frac{\omega_p^2(\sigma)}{\omega^2 + i\gamma\omega} \qquad (6\text{-}4)$$

其中，高频介电常数 $\varepsilon_\infty = 12$；碰撞频率 $\gamma = 5.75 \times 10^{13}$ rad/s；$\omega_p(\sigma)$ 表示与电导率 σ_0 相关的等离子频率。等离子频率可表示为 $\omega_p^2(\sigma) = \sigma/\sigma_0 \omega_p^2(\sigma_0)$，式中，$\sigma_0 = 3 \times 10^5$ S/m，$\omega_p(\sigma_0) = 1.4 \times 10^{15}$ rad/s。为了模拟 VO_2 的绝缘-金属相变特性，在仿真中可采用不同的电导率 σ 来模拟 VO_2 的光电特性。

如绪论部分所言，基于石墨烯和二氧化钒超材料，研究者提出了多种宽带可调的太赫兹吸波器件，其吸收激励可归纳为电阻损耗型吸波器。这种引入的薄膜自身的欧姆损耗可以在宽频带内实现阻抗匹配，此外，通过调节石墨烯和二氧化钒的表面电阻率可实现对吸收率的动态调控。但若仅采用石墨烯或二氧化钒来调控太赫兹波，其器件实现的功能和可调性能往往是单一的。因此，为了实现太赫兹超表面器件的功能和调制手段多样化、提高太赫兹器件的调制深度，本书提出可将可调超材料石墨烯和 VO_2 结合在一个超材料器件中，为推动太赫兹智能系统的进一步发展提供新的思路和方法。

6.3 基于石墨烯－二氧化钒的宽带－多频可切换 太赫兹吸波器

6.3.1 结构设计

如图 6-1 所示为本节设计的混合石墨烯-二氧化钒的宽带-多频可切换太赫兹吸波器的三维示意图，其在 x 和 y 方向上是周期性分布的。该吸波器的单元结构从上至下由 5 层组成：VO_2 空心环薄膜、单层石墨烯圆盘结构、多晶硅层、聚乙烯环烯烃共聚物(Topas)介质层和连续金属反射面。聚乙烯环烯烃共聚物是一种透明且坚硬的非晶热塑性共聚物，具有优越的光学性能，适用于太赫兹超材料应用。此外，它还具有优异的耐热性以及接近零的吸湿性和高稳定性。在本设计中，聚乙烯环烯烃共聚物介质层的相对介电常数为 2.35，其厚度 t_{Topas} 设置为 27 μm，周期 p 为 44 μm。多晶硅是单质硅的一种形式，是一种非常重要和优良的半导体材料，它可以作为偏置电压 V_g 的静电门控片来调节石墨烯片的费米能级。此外，为了不影响吸波器的吸收性能，多晶硅的厚度应尽可能薄。在本设计中，多晶硅层的相对介电常数为 3，嵌入在石墨烯薄膜下方 20 nm 的聚乙烯环烯烃共聚物间隔片中，多晶硅的厚度设为 $t_p = 20$ nm。此外，在吸波器底层设置了厚度为 $t_{\text{Au}} = 0.5$ μm 的连续金属反射面，其厚度大于太赫兹波的趋肤深度，以确保完全抑制太赫兹波的透射。

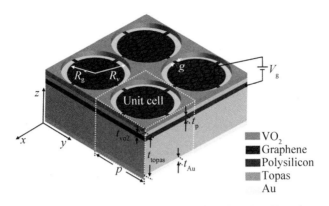

图 6-1　宽带-多频可切换太赫兹吸波器的三维结构示意图

在本研究中，使用商用仿真软件对吸波器进行建模，该软件拥有用于光学应用的石墨烯材料参数。初始设定石墨烯的费米能级 E_f 为 0.7 eV，多频和宽带吸收时石墨烯的弛豫时间 τ 分别为 1.0 ps 和 0.1 ps。此外，石墨烯厚度设置为 0.34 nm，石墨烯圆盘半径 R_g 为 18 μm，并使用宽度 $g = 1$ μm 的石墨烯矩形条进行连接，以实现电连续性和门控便利性。通过在厚度为 $t_{vo2} = 0.5$ μm 的连续 VO$_2$ 层中切割出半径为 $R_v = 22$ μm 的圆孔实现 VO$_2$ 空心环薄膜结构，切割的 VO$_2$ 空心环的圆心与石墨烯圆盘的中心重合。在本研究中，分别设置电导率 $\sigma = 2 \times 10^5$ S/m 和 $\sigma = 40$ S/m 表示二氧化钒（VO$_2$）的金属状态和绝缘状态。值得注意的是，为了清晰地描绘所提出的吸波器的结构图，在图 6-1 中做了一定的缩放，实际吸波器几何结构尺寸以本书实际制定为准。

在 FIT 数值仿真中，在 z 方向上设置了两个 Floquet 端口，一个作为源端口，另一个作为接收端口。此外，利用 x 和 y 方向的周期边界条件来模拟无限的吸波器单元阵列。为了计算该吸波器的吸收率 A，通过 FIT 数值仿真得到了透射系数 S_{21} 和反射系数 S_{11}。吸收率计算公式为 $A = 1 - R - T$，其中 $R = |S_{11}|^2$，$T = |S_{21}|^2$。由于连续金属反射面的引入，透射率 T 可以近似为 0，因此通过最小化反射系数 S_{11} 可以获得最大的吸收效率。

在垂直入射太赫兹波和石墨烯费米能级 $E_f = 0.7$ eV 时，TE 和 TM 极化下的吸收率 A 如图 6-2 所示。明显地，TE 和 TM 极化的吸收率 A 光谱完全重合，表明其具有优异的极化不敏感特性，这是由于其轴对称结构导致的。当 VO$_2$ 处于绝缘状态时，吸波器表现出宽带吸收特性，吸收率大于 90% 的工作带宽为 1.52 THz，即 1.06 THz 至 2.58 THz。其中，该吸波器在 1.28 THz 和 2.3 THz

两个频点处实现了完美的吸收。另外，在相同几何形状下，当VO_2处于金属状态时，所设计的吸波器在1 THz、2.45 THz和2.82 THz三个频点处实现了完美吸收，表现出多波段吸收特性。可以看出，仅需通过改变VO_2的电导率，使其工作在不同的绝缘-金属状态下，即可实现吸波器的宽带吸收和多频段吸收两种不同功能的切换。在固定吸波器结构的情况下，实现其功能的可切换，可为未来智能太赫兹系统提供一种全新的实现思路。

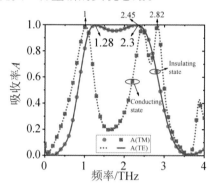

图6-2　宽带-多频可切换太赫兹吸波器的仿真结果图

6.3.2　性能分析

6.3.2.1　吸收机理分析

接下来分析了不同共振频率下的电场分布，揭示了该吸波器的吸收机理。如图6-3所示为TE极化下吸波器在$x-y$和$y-z$平面上的电场分布。图6-3(a)为VO_2处于绝缘状态时，宽带吸收特性中1.28 THz和2.3 THz谐振频率下的电场分布俯视图和侧视图。在两个谐振频率下，吸波器在石墨烯圆盘周围实现了强场约束，从而实现了高效的太赫兹波捕获和吸收。从图中可以看出，在1.28 THz频点处，电场被强力束缚在两个石墨烯圆盘之间的间隙中，而在2.3 THz谐振频率处，电场被限制在单个石墨烯圆盘的边缘附近。也就是说，在1.28 THz共振频率下的吸收主要归因于石墨烯圆盘之间的相互耦合作用，而在2.3 THz共振频率下的吸收主要归因于单个石墨烯圆盘的基本共振，两个共振频点之间的相互叠加实现了宽带吸收。从侧视图可以看出，在1.28 THz时，由于石墨烯圆盘之间的相互耦合作用，在周期性衬底的边缘会有大量的能量限

制；在 2.3 THz 时，由于单个石墨烯圆盘的共振引起的吸收，只有少量的能量
束缚在衬底边缘。总的来说，当 VO$_2$ 处于绝缘状态时，它对吸收特性是无用
的，它的存在并不影响石墨烯的宽带吸收特性。

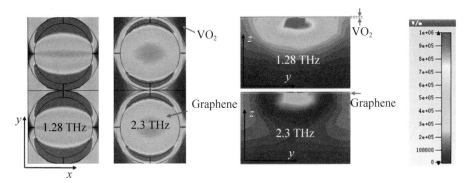

（a）宽带吸收特性下的电场能量分布图

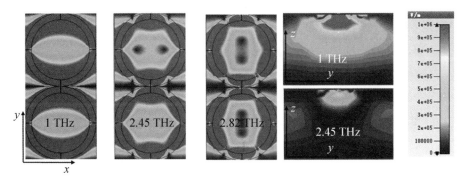

（b）多频吸收特性下的电场能量分布图

图 6-3　宽带-多频可切换太赫兹吸波器的电场能量分布图

图 6-3（b）显示了 VO$_2$ 处于金属状态时，吸波器在 1 THz、2.45 THz 和
2.82 THz 三个谐振频率下的电场分布。同样地，在 1 THz 共振频率下的吸收主
要归因于石墨烯圆盘和 VO$_2$ 空心环结构的基本共振模式，这表明除了石墨烯提
供的吸收外，VO$_2$ 薄膜也提供吸收特性。宽带吸收特性下 1.28 THz 共振频点
和多频吸收特性下 1.0 THz 共振频点的场分布相似，但吸收原理不同：
1.28 THz 的电场分布仅由石墨烯提供，而 1 THz 的电场分布由石墨烯和 VO$_2$ 共
同提供。2.45 THz 和 2.82 THz 处的电场分布相似，均被束缚在石墨烯圆盘和
VO$_2$ 空心环之间的间隙中。这两个吸收点的产生主要是由于石墨烯与 VO$_2$ 结构
之间的相互耦合作用实现的。同样地，电场分布的侧视图再次证明了上述说

法。此外，由于吸波器的轴对称结构，宽带和多波段吸收特性下的 TM 极化电场分布与 TE 极化电场分布相同，仅在方位角上存在 90°的旋转。

总的来说，当二氧化钒处于绝缘状态时，入射太赫兹波激发石墨烯超表面的等离子体共振，由于石墨烯可在宽频段范围内实现吸波器与自由空间的阻抗匹配，因此在一个相对宽的频带内可实现对太赫兹波的捕获和吸收。然而，当二氧化钒处于金属状态时，它会激发另一种吸收，这种吸收特性与之前第五章描述的金属超表面完美吸波器的特性是相同的，它与石墨烯的吸收特性相互叠加，从而实现了多频吸收效果。

6.3.2.2 极化和入射角度敏感性分析

进一步地，研究了吸波器的吸收率与极化和入射角的关系。如图 6-4(a)和图 6-4(d)所示，宽带和多频吸收状态对极化角 φ 的变化均表现出绝对不敏感，这种极化不敏感的特性归因于所设计的超表面的对称结构。图 6-4(b)和图 6-4(c)分别显示了宽带吸收状态下 TE 和 TM 极化对不同入射角 θ 的吸收光谱。可见，当 VO_2 处于绝缘状态时，宽带吸收状态的两种极化在 0°～60°的宽入射角范围内均具有稳定的吸收率和工作带宽。图 6-4(e)和图 6-4(f)分别展示了多频吸收状态下 TE 和 TM 极化对不同入射角的吸收光谱。当 VO_2 处于金属状态时，两种极化的第一吸收频点均表现出优异的吸收性能：当入射角达到 60°时，该频点仍具有高达 90%的吸收率。此外，第二和第三吸收频点在 0°到 40°的入射角范围内也表现出稳定的吸收性能，但当入射角大于 40°时，吸收率降低，且会产生额外的共振频率。

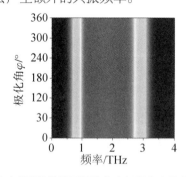

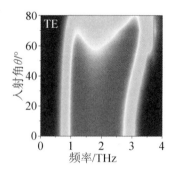

(a)宽带吸收特性下极化角度与吸收率的关系　(b)宽带吸收特性下 TE 极化的入射角度与吸收率的关系

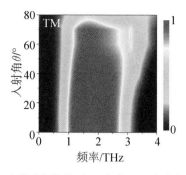

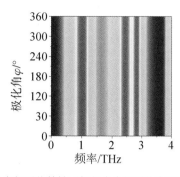

（c）宽带吸收特性下 TM 极化的入射角度与
吸收率的关系

（d）多频吸收特性下极化角度与吸收率的关系

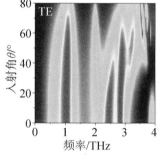

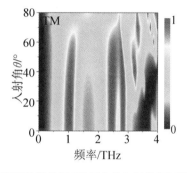

（e）多频吸收特性下 TE 极化的入射角度与吸
收率的关系

（f）多频吸收特性下 TM 极化的入射角度与吸收率
的关系

图 6-4　宽带-多频可切换太赫兹吸波器在不同偏振和入射角下的吸收率

6.3.2.3　参数扫描分析

接下来，分析了几何形状对宽带和多频吸收状态的影响。为了简化分析，固定石墨烯费米能级 $E_f = 0.7$ eV，二氧化钒电导率 $\sigma = 10$ S/m、$\sigma = 2 \times 10^5$ S/m，聚乙烯环烯烃共聚物厚度 $t_{Topas} = 27$ μm，入射太赫兹波为垂直入射的 TE 极化波。其中，初始聚乙烯环烯烃共聚物厚度选择为工作频率的四分之一波长，并通过优化以获得最终值。宽带吸收状态下的吸收性能随石墨烯半径 R_g、VO$_2$ 半径 R_v 和 VO$_2$ 厚度 t_{VO2} 的变化如图 6-5（a）至图 6-5（c）所示。明显地，当 VO$_2$ 处于绝缘状态时，宽带吸收状态不受 VO$_2$ 空心环几何尺寸的影响。也就是说，当 VO$_2$ 处于绝缘状态时，它对宽带吸收性能没有贡献。如图 6-5（a）所示，随着 R_g 的增加，吸波器的工作带宽和吸收率逐渐增加，但当超过最优值后又逐渐恶化。因此，通过合理的设计和优化石墨烯圆盘的尺寸参数可获得最优的吸收性能。

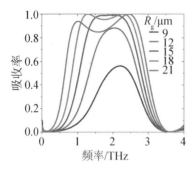

（a）宽频吸收状态下的不同石墨烯圆盘半径 R_g

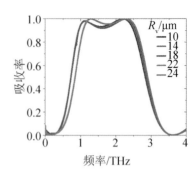

（b）宽频吸收状态下的不同二氧化钒中空环半径 R_v

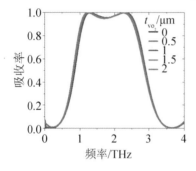

（c）宽频吸收状态下的不同二氧化钒厚度 t_{vo2}

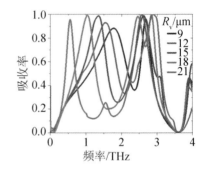

（d）多频吸收状态下的不同石墨烯圆盘半径 R_g

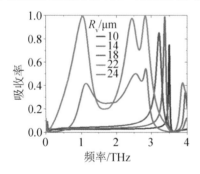

（e）多频吸收状态下的不同二氧化钒中空环半径 R_v

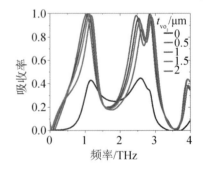

（f）多频吸收状态下的不同二氧化钒厚度 t_{vo2}

图 6-5　宽带-多频可切换太赫兹吸波器在不同尺寸参数下的仿真结果图

图 6-5（d）至图 6-5（f）表明，当 VO_2 处于金属状态时，石墨烯圆盘和 VO_2 空心环薄膜的几何尺寸对其多频吸收性能均有显著的影响。随着 R_g 的增大，石墨烯面积增大，第一共振频率向更低频移动，第二共振频率相对固定。当 $R_g = 18$ μm 时，石墨烯薄膜产生的谐振频率与 VO_2 薄膜产生的谐振频率相邻，二者相互作用形成了第三个完美吸收频点。如图 6-5（e）所示，当 R_v 小于初始 $R_g = 18$ μm 时，石墨烯被 VO_2 覆盖，只产生一个谐振频率。从图 6-3（b）中可以明

显看出，电场能量主要束缚在石墨烯与 VO_2 边缘之间的亚波长结构中，当 VO_2 覆盖石墨烯边缘时，会阻碍这种亚波长结构的吸收性能，大部分太赫兹波将被反射。随着 R_v 的增大，VO_2 面积减小，导致其不能提供足够的吸收强度，使吸收率逐渐降低。当 $R_v = 22\ \mu m$ 时，三波段吸收性能最佳。如图 6-5(f)所示，当 t_{VO2} 厚度大于 $0.5\ \mu m$ 时，二氧化钒的厚度已远大于入射太赫兹波的趋肤深度，因此多频吸收性能将不再受 t_{VO2} 厚度的影响。

6.3.2.4　可调特性分析

如图 6-6 所示，分析了不同石墨烯费米能级下宽带-多频吸波器的可调性能。当 VO_2 处于绝缘状态时，吸波器表现出宽带吸收特性，通过改变外置偏置电压 V_g 可实现对石墨烯费米能级的调控。随着费米能级 E_f 逐渐从 0 eV 增加到 0.7 eV，吸波器在保持相同中心频率的情况下，吸收率逐渐从 20% 增加至近 100%，表现出优于 80% 的宽带吸收率调制幅度。当 VO_2 处于金属状态时，如图 6-6(b)所示，通过改变石墨烯费米能级可以实现多频吸波器共振频率的重构。当从费米能级 E_f 从 0.5 eV 增加到 1 eV 时，第一共振频率从 1 THz 逐渐增加至 1.1 THz，第二共振频率从 2.2 THz 切换到 2.65 THz，第三共振频率从 2.55 THz 重构至 3.16 THz，且整个重构过程的吸收率均超过 90%。综上所述，可以通过改变石墨烯费米能级可在宽带吸收状态下实现对吸收率的调控，在多频吸收状态下实现对吸收频点的重构。

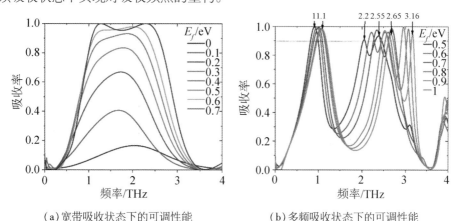

(a)宽带吸收状态下的可调性能　　　(b)多频吸收状态下的可调性能

图 6-6　宽带-多频可切换太赫兹吸波器的可调性能分析

本节设计的宽带-多频可切换太赫兹吸波器具有双功能、入射角和偏振无关、结构简单、可通过改变石墨烯的费米能级进行调节等优点。对于太赫兹智能系统来说，这种双功能器件具有重要的潜在意义，既可以用于宽带吸收下的物体成像，又可以用于多频吸收下的物体识别。用一个器件实现两种不同的功能，可以大大提高太赫兹系统的集成度。

6.4 混合石墨烯－二氧化钒的吸收－透射多功能器件研究

6.4.1 结构设计

基于石墨烯-二氧化钒的吸收-透射多功能太赫兹器件的结构示意图如图 6-7 所示。该器件的单元结构由双圆形石墨烯图案、聚乙烯环烯烃共聚物衬底和 VO_2 薄膜三层组成。与传统"三明治"结构的超表面吸波器不同的是，本结构采用相变材料 VO_2 代替背面的金属反射面。与上节描述相同，在仿真中，聚乙烯环烯烃共聚物衬底的相对介电常数设置为 2.35，厚度 h_{Topas} 为 27 μm，周期 p 为 44 μm，VO_2 薄膜的厚度 h_{VO2} 为 0.5 μm。石墨烯层由一个圆心居中的半径 $r_1 = 18$ μm 的圆和四个分布在矩形角的半径 $r_2 = 10$ μm 的四分之一圆组成，二者之间通过宽度 $w = 0.2$ μm 的矩形系带连接起来，以实现连续的电压控制。

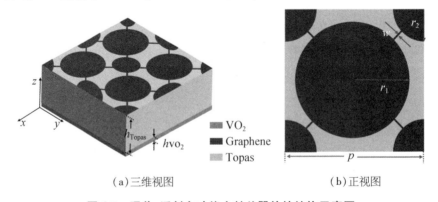

(a)三维视图   (b)正视图

图 6-7 吸收-透射多功能太赫兹器件的结构示意图

类似地，使用商业仿真软件 CST 微波工作室对该器件进行建模，在仿真中，设定石墨烯的厚度为 1 nm，弛豫时间为 0.1 ps，相对温度为 300 K，初始

费米能级 $E_f = 0.6$ eV。设置 $\sigma = 2 \times 10^5$ S/m 和 $\sigma = 10$ S/m 分别代表二氧化钒的金属态和绝缘态，二氧化钒的不同电导率可通过不同环境温度而获得，且频率依赖特性低可忽略不计。其中，低温状态下的二氧化钒电导率视为 10 S/m，高温状态下的二氧化钒电导率视为 2×10^5 S/m。在模型设计中，两个距离超表面约 10 倍衬底厚度的 Floquet 端口分别设置在 z 方向的正负两端，一个作为源端口，另一个作为接收端口。此外，x 和 y 方向上设置为周期性边界条件来模拟无限的周期阵列。通过 FIT 数值仿真可得到透射系数和反射系数，并以此计算吸收器的吸收率 A。吸收率的计算公式为 $A = 1 - R - T$，其中 $R = |S_{11}|^2$，$T = |S_{21}|^2$。

当二氧化钒电导率 $\sigma = 2 \times 10^5$ S/m、石墨烯费米能级 E_f 为 0.6 eV 时，二氧化钒薄膜表现为金属态，此时该器件可视为传统石墨烯-介质-背金结构的吸波器。该吸波器在正入射 TE 极化、TM 极化波下的反射光谱 R、透射光谱 T 和吸收光谱 A 如图 6-8(a) 所示。明显地，该吸收器在两种不同极化下的传输光谱是完全重叠的，表明了该吸收器具有极化无关特性，这种极化无关特性归功于单元结构的中心对称性。从吸收率光谱中可以得出，该吸波器在 1.02～2.63 THz 宽频带范围内的吸收率大于 90%，相对带宽为 88.2%，实现了宽带吸波器的设计。由于 VO_2 在金属状态下可以视为金属反射板，因此该吸收器的透射率趋近于 0。

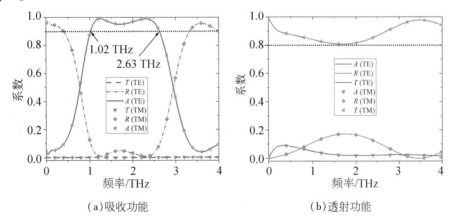

（a）吸收功能　　　　　　　（b）透射功能

图 6-8　吸收-透射多功能太赫兹器件的仿真结果图

当二氧化钒电导率 $\sigma = 10$ S/m、石墨烯费米能级 E_f 为 0 eV 时，二氧化钒薄膜表现为绝缘态，此时该器件可视为石墨烯-介质的透射器。该透射器在正入射 TE 极化、TM 极化波下的反射光谱 R、透射光谱 T 和吸收光谱 A 如图 6-8 (b) 所示。从光谱图中可以看出，该透射器在 0～4 THz 宽频带范围内的透射率大于 80%，反射率低于 20%，吸收率低于 10%。这是由于，当 VO_2 在绝缘状态下时，可以视为一种等效介质，因此该器件将无法实现对入射太赫兹波的吸收，最终大部分的太赫兹能量穿过该器件，从而形成一种透射器。

6.4.2　吸波器状态下的性能分析

6.4.2.1　吸波器状态下的吸收机理分析

为了进一步揭示吸波器的吸收机制，分别选取三个不同吸收率的频点 2 THz、3 THz 以及 3.5 THz，对各频点处石墨烯-衬底接触面的电场能量分布进行分析。在电场能量显示中，不同频率处的相位固定为 90°，电场能量显示范围值为 0 V/m 到 2×10^6 V/m。如图 6-9(a) 所示，由于石墨烯超表面激发的局域型表面等离子体激元共振，导致入射的绝大部分电场能量被强束缚在圆形图案石墨烯薄膜的边缘，从而在频带内的 2 THz 处实现了吸收率大于 95% 的强场吸收。如图 6-9(b) 与图 6-9(c) 所示，电场束缚能力在 3 THz 处显著减小，且在 3.5 THz 处已几乎无明显的场共振现象。这是由于，随着频率逐渐远离吸收通带，石墨烯超构表面所激发的表面等离子体激元共振强度将逐渐下降直至消失，这与图 6-8(a) 所示的太赫兹吸收率光谱曲线相吻合。

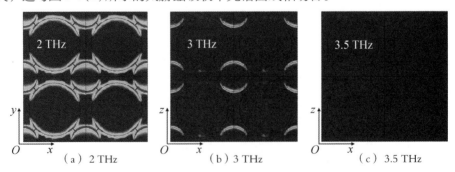

（a）2 THz　　　　（b）3 THz　　　　（c）3.5 THz

图 6-9　吸收状态下的电场能量分布图

6.4.2.2　吸波器状态下的角度极化敏感度分析

接下来，分析在宽带吸波器状态下与偏振方向及入射角的关系。图 6-10 (a) 为该宽带吸波器在入射角 $\theta = 0°$ 下不同偏振角的吸收光谱，仿真结果表明，该吸波器具有绝对的偏振无关特性。这种偏振无关特性主要归因于所设计的超构表面的对称结构，以及圆形石墨烯表面对不同偏振角度的谐振响应相同性。图 6-10(b)和图 6-10(c)分别显示了 TE 极化和 TM 极化下吸波器状态对不同入射角 θ 的吸收光谱。可以看到，当入射角度小于 30°时，该吸波器在工作频带 1.02 ~ 2.63 THz 内仍具有高于 90%的宽带吸收特性。随着入射角度逐渐增加至 60°时，TE 极化和 TM 极化下的带内吸收率仍具有 80%以上，当入射角大于 60°时，吸收光谱对入射角将变得敏感。故该器件的宽带吸波器状态在 0° ~ 60°的宽入射角范围内仍表现出稳定的吸收性能和工作带宽，具有优异的角度不敏感特性。超表面吸波器的入射角度不敏感特性主要与亚波长结构产生的共振有关，而对入射角的依赖较小。亚波长结构可以补偿石墨烯超构表面与自由空间太赫兹波之间的动量失配，从而表现出优异的广角特性。

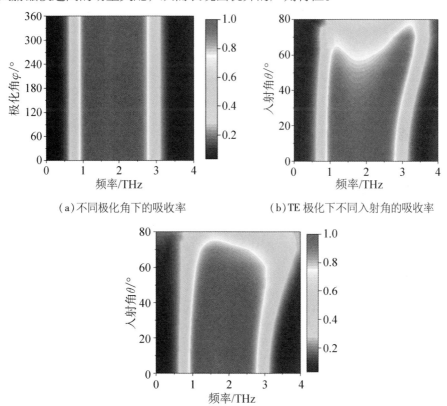

(a)不同极化角下的吸收率　　(b)TE 极化下不同入射角的吸收率

(c)TM 极化下不同入射角的吸收率

图 6-10　吸波器状态下的极化和入射角度敏感性

6.4.2.3　吸波器状态下的参数扫描分析

对聚乙烯环烯烃共聚物衬底厚度与吸收光谱之间的关系进行了分析。如图 6-11(a)所示，随着聚乙烯环烯烃共聚物衬底厚度的增加，吸波器的中心频点逐渐往低频段移动。这是由于，当二氧化钒为金属态时，VO_2 可视为金属反射板。从物理上来看，此时的结构是一种法布里-珀罗谐振腔，VO_2 反射的电磁波在石墨烯与空气的接触面发生干涉现象。当聚乙烯环烯烃共聚物衬底厚度为中心频率点的四分之一波长时，电磁波在分界面满足干涉相消条件。由于石墨烯超表面的阻抗可以与自由空间的阻抗在宽频带范围内实现匹配，因此该吸波器可实现宽带完美吸收。因此，衬底厚度决定了该吸波器的中心频率。

此外，对不同石墨烯圆盘半径 r_1 下的吸收率进行了分析，如图 6-11(b)所示，随着 r_1 的增加，吸波器的工作带宽和吸收率逐渐增加，但当超过最优值后又逐渐恶化。这是因为，石墨烯圆盘的尺寸变化将导致超表面等效阻抗的变化，通过合理的设计和优化石墨烯圆盘的尺寸参数可获得最优的吸波器阻抗与自由空间阻抗的匹配，从而实现优异的吸收性能。

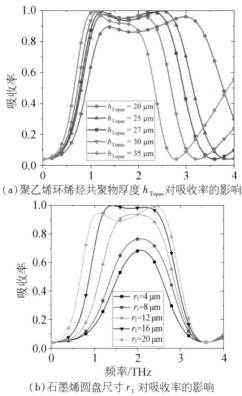

(a)聚乙烯环烯烃共聚物厚度 h_{Topas} 对吸收率的影响

(b)石墨烯圆盘尺寸 r_1 对吸收率的影响

图 6-11　吸波器状态下的参数扫描分析

6.4.3 功能切换与可调特性分析

6.4.3.1 石墨烯可调特性分析

接下来对该多功能器件的动态可调特性进行了研究。当二氧化钒电导率 σ_{VO_2} 为 200 000 S/m 时，二氧化钒薄膜表现为金属态，此时该器件可视为可调吸波器，通过改变石墨烯的费米能级 E_f 可实现对吸收率的实时调控。如图 6-12(a) 所示，随着石墨烯的费米能级 E_f 从 0 eV 增加到 0.6 eV，频带内的吸收率逐渐增加。两个完美吸收点 1.2 THz 和 2.3 THz 处的吸收率分别从 21.3% 和 17.2% 增加到接近 100%，对应的吸收率可调范围分别达到了 79.7% 和 82.8%。此外，在 1.02 ~ 2.63 THz 的宽带范围内，吸收率的整体可调范围均大于 67.2%。

当二氧化钒电导率 σ_{VO_2} 为 10 S/m 时，二氧化钒薄膜表现为绝缘态，此时入射的太赫兹波可低损耗地穿过 VO_2 薄膜，通过改变石墨烯的费米能级 E_f 可实现对透射率的实时调控，该吸波器可视为可调透射器。如图 6-12(b) 所示，随着石墨烯的费米能级 E_f 从 0 eV 增加到 0.6 eV，频带内的透射率逐渐降低。这是由于，随着石墨烯费米能级的提升，石墨烯的电导率将会相应增加，导致石墨烯薄膜的表面等离子体激元共振效应增强，从而降低了太赫兹波的透射率。仿真结果表明，当石墨烯薄膜的费米能级为 0 eV 时，该器件在 0 ~ 4 THz 全频段范围内的透射率均大于 80%，随着费米能级增加至 0.6 eV，在 1.02 ~ 2.63 THz 的频带范围内，透射率的可调范围大于 40%。

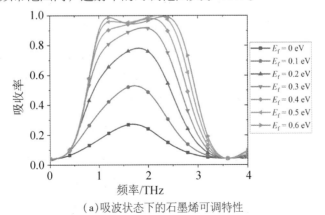

(a)吸波状态下的石墨烯可调特性

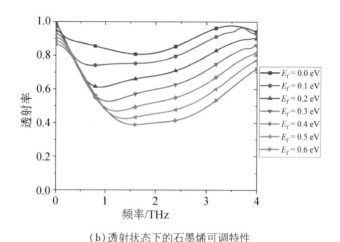

（b）透射状态下的石墨烯可调特性

图6-12　不同石墨烯费米能级下的吸收与透射性能

综上所述，在高温环境下，VO_2薄膜表现为金属态，该器件表现为宽带吸收器；在室温状态下，VO_2薄膜表现为绝缘态，该器件表现为宽带透射器。且通过外加偏置电压对石墨烯的费米能级进行控制，可实现对吸收率和透射率的实时调控。该器件在吸收模式和透射模式上都表现出良好的性能，在各种智能可调太赫兹光电器件中具有潜在的应用价值。

6.4.3.2　二氧化钒可调特性分析

基于VO_2薄膜绝缘态-金属态相变特性，可以通过改变温度实现对背面VO_2薄膜电导率的控制，从而实现对吸波器吸收率的实时调控。从图6-13（a）可以看出，当石墨烯费米能级固定为0.6 eV时，随着VO_2电导率的增加，该吸波器的吸收率逐渐增加。在VO_2薄膜的电导率从10 S/m提高到200 000 S/m相变过程中，两个完美吸收点1.2 THz和2.3 THz处的吸收率分别从25.6%和27.1%增加到接近100%，对应的吸收率可调范围分别达到了74.6%和72.8%。此外，在1.02～2.63 THz的宽带范围内，吸收率的可调范围均大于60.5%。当VO_2电导率分别为50 000 S/m、100 000 S/m和200 000 S/m时，吸波器的吸收率没有明显变化。这是由于，当VO_2电导率大于50 000 S/m时，可将VO_2视为完全的金属状态。此时VO_2表现为金属反射板，与石墨烯和聚乙烯环烯烃共聚物衬底之间组成传统的"三明治"结构，电场能量将无法穿过VO_2，只能反射后被石墨烯薄膜和聚乙烯环烯烃共聚物衬底吸收。

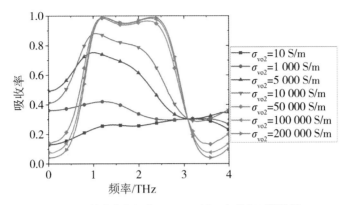

（a）石墨烯费米能级为 0.6 eV 下的二氧化钒可调特性

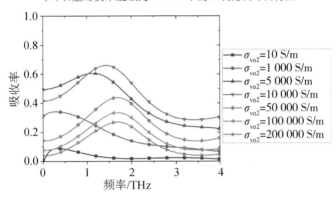

（b）石墨烯费米能级为 0 eV 下的二氧化钒可调特性

图 6-13   不同二氧化钒电导率下的吸收性能

接下来，分析了当石墨烯费米能级固定为 0 eV 时，VO_2 电导率对该器件吸收率的调控能力。如图 6-13（b）所示，当 VO_2 电导率为 10 S/m 时，吸收率接近 0，该器件表现为透射状态。当 VO_2 电导率为 200 000 S/m 时，吸收率低于 30%，该器件表现为反射状态。金属态 VO_2 的吸收率相较于绝缘态 VO_2 的吸收率得到了略微的提升，这主要是由于，此时 VO_2 表现为金属反射板，入射的太赫兹波无法透射过 VO_2 而被反射，反射过程中经过 TOPAs 衬底被第二次路径损耗。因此，当石墨烯费米能级固定为 0 eV 时，该器件可在透射状态和反射状态之间切换。

6.4.3.3   双控特性分析

最后，通过改变 VO_2 电导率和石墨烯费米能级这两个独立可控的参数，研究了该吸收-透射功能的可切换性，以实现最大的调控深度和可调频率范围。如图 6-14 所示，将石墨烯费米能级和 VO_2 电导率分别设置为 $E_f = 0$ eV 和 $\sigma_{VO2} =$

10 S/m时，该器件的吸收率接近0%，几乎所有的入射太赫兹波均穿过器件，形成一种透射器件。当 VO_2 处于金属态 $\sigma_{VO2} = 200\ 000$ S/m 时，石墨烯费米能级为 $E_f = 0.6$ eV 时，该器件的吸收率在宽频带范围内表现出大于90%的吸收，表现为一种完美吸波器件。因此，可以通过同时控制 VO_2 电导率和石墨烯费米能级这两个独立的参数来实现 0~90%@1.07 THz~2.59 THz 的高调谐范围的透射-吸收多功能器件。此外，在完美吸收点2.3 THz，达到了最高99.7%的吸收率调谐范围，表现为完美的开关型吸收器。

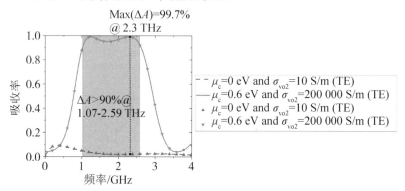

图6-14　吸收-透射多功能器件的最大调制深度和可调频率范围

图6-15给出了石墨烯费米能级和 VO_2 电导率分别在 $E_f = 0.6$ eV、$\sigma_{VO2} = 200\ 000$ S/m 和 $E_f = 0$ eV、$\sigma_{VO2} = 10$ S/m 时 2 THz 下的电场能量分布侧视图。从图6-15(a)中可以得出，电场能量主要集中在衬底和石墨烯的接触面，表现为石墨烯等离子体激元共振增强吸收，这与图6-9中的电场能量分布正视图相呼应。相反，当 $E_f = 0$ eV、$\sigma_{VO2} = 10$ S/m 时，入射的太赫兹波将完全透过吸波器，仅存在很小的介质传输路径损耗。这种具有高调谐特性的太赫兹多功能器件可大大提高其应用价值。

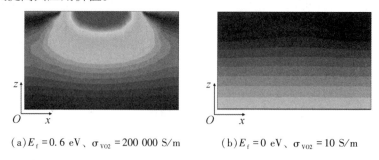

(a) $E_f = 0.6$ eV、$\sigma_{VO2} = 200\ 000$ S/m　　　(b) $E_f = 0$ eV、$\sigma_{VO2} = 10$ S/m

图6-15　吸收-透射多功能器件在最大调制深度频点的电场能量示意图

总的来说，本节提出了一种混合石墨烯和 VO_2 超材料的宽带太赫兹吸收–透射双功能器件，该器件具有极化无关和角度不敏感特性。该器件在作为吸波器的时候，通过改变偏置电压调控石墨烯费米能级，其吸收率可从 17.2% 增加到 99.7%；通过改变外界温度调控 VO_2 的电导率，吸收率可从 27.1% 增加到 99.7%。更重要的是，通过在太赫兹范围内采用双重控制，该器件可以可在 1.07 ~ 2.59 THz 频率范围内，实现近乎完美的透射和吸收切换特性，在 2.3 THz 处的切换效率高达 99.7%。基于以上优点，该多功能器件在可调传感器和调制器等太赫兹智能器件领域具有巨大的潜在应用价值。

6.5 基于二氧化钒超表面的可调太赫兹吸波器

根据前两节的论述，可以利用石墨烯的费米能级电控特性和二氧化钒的电导率温控特性来构建一个具有高度可调控性能的多功能、可切换的太赫兹智能超表面。然而，在太赫兹频段，由于这种混合多种材料的多层亚波长尺寸结构的复杂性，其制备过程存在较大的困难，同时进行实验验证也较为复杂。

因此，本节的研究着重于设计和研究仅包含二氧化钒超表面的太赫兹吸波器，并进行了相应的制备和测试工作。通过这些实验，验证了二氧化钒在太赫兹超表面器件中的可调性应用。这项研究结果对于探索太赫兹频段的超表面器件的调控性能具有重要意义，并为未来开发更复杂多功能超表面提供了实验基础。

值得注意的是，本节所采用的二氧化钒电导率范围将远低于上两节应用中的理论范围值：10 S/m 至 200 000 S/m。这是因为，目前实际制备的二氧化钒电导率变化范围还无法达到理论值。也就是说，由于当前工艺制备条件的限制，二氧化钒薄膜难以达到理想的绝缘–金属态转换。通过测试表明，在石英衬底上生长的 200 nm 厚二氧化钒薄膜的电阻可变范围为 0.4 kΩ 至 36 kΩ。因此，石英基二氧化钒的实际电导率范围约为 139 S/m 至 12 500 S/m。这个实际的电导率范围难以达到纯金属状态，但二氧化钒的这种电阻膜特性仍然可以应用于基于电阻膜的太赫兹吸波器设计。综上所述，考虑到 VO_2 的实际电导率以及未来制备工艺条件的提升空间，在本设计中，取 VO_2 在冷、热环境温度下的电导率分别设置为 100 S/m 和 30 000 S/m。

6.5.1 结构设计

所提出的基于二氧化钒超表面的可调谐太赫兹吸波器的原理示意图如图6-16所示,与"三明治结构"的超表面完美吸波器类似,该吸波器由一个周期性的 VO_2 圆环结构和一个由石英介电层隔开的金属连续反射面组成。 VO_2 薄膜厚度为 0.2 μm,石英介电层厚度 h 为 230 μm,金属层厚度为 1 μm。在本设计中,吸波器单元结构的周期 $P = 200$ μm, VO_2 圆环结构半径 $R_1 = 180$ μm, $R_2 = 50$ μm, VO_2 条纹宽度 $W = 20$ μm。

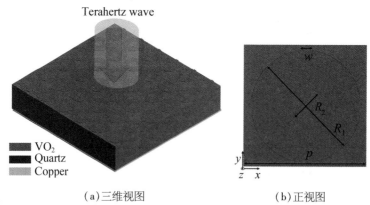

Terahertz wave

VO₂
Quartz
Copper

(a)三维视图   (b)正视图

图6-16 基于二氧化钒超表面的可调谐太赫兹吸波器的原理示意图

利用有限元法(FEM)商用电磁仿真软件计算了该太赫兹可调吸波器的 S 参数。在仿真中,源端口和接收端口分别设置为 z 方向末端的正 Floquet 端口和负 Floquet 端口。并在 x 和 y 方向上设置 Master 和 Slave 边界条件来模拟无限周期阵列。通过 FEM 数值模拟可以计算出 S_{21} 和 S_{11}。相同地,在这种结构中,由于金属连续贴片起到的反射面作用,可防止太赫兹电磁波的透射,因此 S_{21} 应估计为零。因此,吸收率 A 可以估计为 $A = 1 - R$,其中 $R = |S_{11}|^2$。为了模拟 VO_2 薄膜的电导率相变特性,建立了一种不同电导率的薄膜材料。在实际情况下,不同的环境温度可以得到不同的电导率。

基于二氧化钒超表面的太赫兹可调吸波器在垂直入射 TE 和 TM 极化波下的仿真吸收率如图6-17所示。研究结果揭示,在高温状态下,当 VO_2 的电导率达到 30 000 S/m 时,在 0.5 THz 和 0.85 THz 两个频率点,成功实现了两个吸收率为 99.9% 的完美吸收现象。而在室温状态下,当 VO_2 的电导率降至

100 S/m时，吸波器的吸收率显著下降至 3.1% 左右，难以实现对输入太赫兹波的有效吸收。值得注意的是，随着 VO_2 的电导率从 100 S/m 逐步提升至 30 000 S/m，吸波器在这两个共振频率点下的吸收率逐渐增加，展现出优异的动态可调性能。这一现象清晰地呈现了二氧化钒超表面太赫兹吸波器在不同电导率状态下的吸收特性变化，为其在太赫兹波调控领域的应用提供了有力的支持。

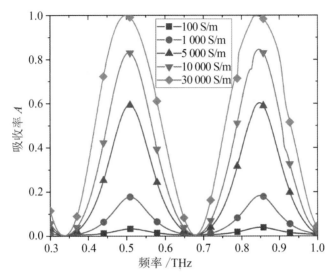

图 6-17　基于二氧化钒超表面的太赫兹可调吸波器的仿真结果图

6.5.2 性能分析

6.5.2.1 吸收机理分析

为了更深入地揭示吸波器的吸收机制，设置 VO_2 的电导率为 30 000 S/m、TE 极化的垂直入射波为背景，对 0.5 THz 和 0.85 THz 这两个完美吸收频点的情况下，进行了电场能量分布的分析。从图 6-18(a) 和图 6-18(c) 的展示中可以明显观察到，在 0.5 THz 和 0.85 THz 两个谐振频率下，电场被强烈地约束在 VO_2 环形结构的两侧。这种特殊的二氧化钒电阻膜构造使得吸波器与周围自由空间形成了阻抗匹配，从而引发了对太赫兹波的强烈捕获和吸收效应。其基本的吸收原理可以被归类为电阻损耗型吸波器。

此外，观察图 6-18(b) 和图 6-18(d)，可以发现，在 0.5 THz 和 0.85 THz

的谐振频点下，电磁波在石英衬底内部的能量分布分别形成了两条和三条的特征分布条带。这实际上揭示了这一器件在这两个频率点上的太赫兹波吸收特性：是由二氧化钒超表面的二阶和三阶共振效应所产生的。而与之相关的，其一阶共振吸收频段位于 0.16 THz，而四阶共振吸收频点则位于 1.18 THz。在本设计中，为了实验验证二氧化钒吸波器的实际吸收特性，忽略了除第二和第三谐振频点之外的其他共振频率的吸收。这个选择是为了适应太赫兹 TDS 测试系统的有效频率观测范围，以确保实验的准确性和可重复性。

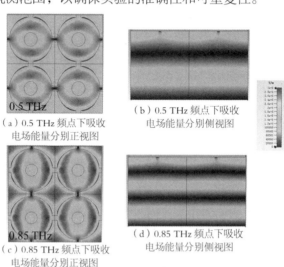

（a）0.5 THz 频点下吸收
电场能量分别正视图

（b）0.5 THz 频点下吸收
电场能量分别侧视图

（c）0.85 THz 频点下吸收
电场能量分别正视图

（d）0.85 THz 频点下吸收
电场能量分别侧视图

图 6-18   基于二氧化钒超表面的可调谐太赫兹吸波器的电场能量分布图

6.5.2.2   角度极化敏感度分析

如图 6-19 所示，分析了对二氧化钒基太赫兹吸波器与偏振和入射角的关系。依然设置 VO_2 的电导率为 30 000 S/m 为背景。图 6-19（a）显示了吸波器在入射角 $\theta = 0°$ 时不同极化角下的吸收光谱，明显地，吸波器对极化角 φ 在 0° ~ 360°范围内的变化表现出绝对极化不敏感，这仍然归功于二氧化钒圆环结构的对称性。图 6-19（b）和图 6-19（c）分别显示了吸波器在 TE 和 TM 极化下不同入射角 θ 时的吸收光谱。显然，当入射角 θ 小于 40°时，该吸波器在 TE 和 TM 极化下均具有优异和稳定的吸收性能。随着入射角 θ 的进一步增加，两个共振吸收频率点均出现向更高频率移动的倾向，且吸收率逐渐降低。

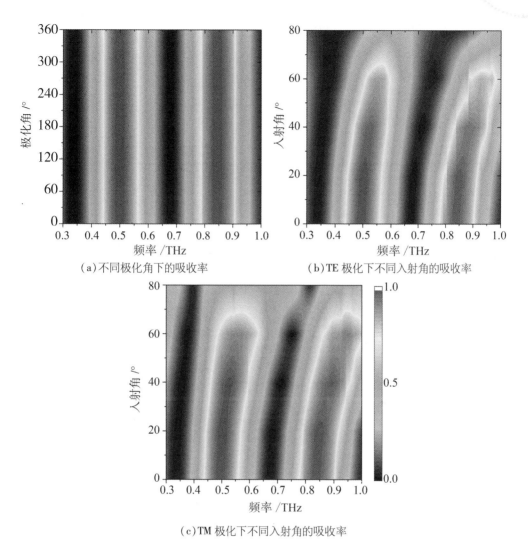

（a）不同极化角下的吸收率　　　　　（b）TE 极化下不同入射角的吸收率

（c）TM 极化下不同入射角的吸收率

图 6-19　基于二氧化钒超表面的太赫兹吸波器的极化和入射角度敏感性

6.5.2.3　参数扫描分析

在 VO_2 电导率为 30 000 S/m、TE 极化垂直入射的前提下，对不同结构参数下的吸波器吸收率进行了分析。首先，对石英基片衬底厚度 h 与吸收光谱之间的关系进行了分析。如图 6-20（a）所示，随着衬底厚度 h 的增加，吸波器的中心频点逐渐往低频段移动。这是由于，"三明治"结构的吸波器是一种法布里–珀罗谐振腔：由于圆环型二氧化钒超表面的阻抗可与自由空间的阻抗实现匹配，因此入射的太赫兹波将无法反射，而是全部穿过二氧化钒超表面，进入石英衬底；底部金属反射面反射的电磁波在二氧化钒与空气的接触面发生干涉现象，当石英衬底厚度为吸收频率点四分之一波长的奇数倍时，电磁波在分界面满足干涉相消条件，从而实现了对太赫兹波的吸收。总之，这种电阻膜损耗型吸波器的衬底厚度决定了吸收器的工作中心频率，这一现象与上述两节中的石墨烯吸波器相同。

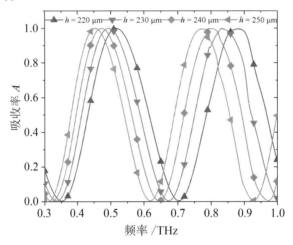

（a）不同衬底厚度 h 下的吸收率

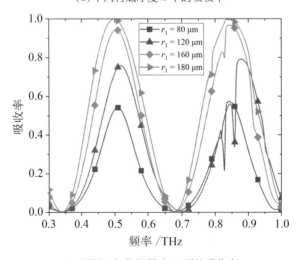

（b）不同二氧化钒尺寸 r_1 下的吸收率

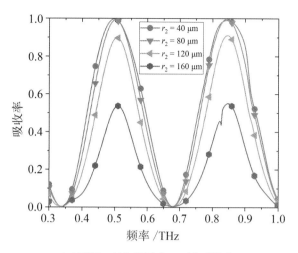

（c）不同二氧化钒尺寸 r_2 下的吸收率

图 6-20   基于二氧化钒超表面的太赫兹吸波器的参数扫描分析

此外，对不同二氧化钒外径 r_1、内径 r_2 下的吸收率进行了分析。如图6-20（b）和图6-20（c）所示，随着外径 r_1 的增加和内径 r_2 减小，吸波器的吸收率逐渐增加。这是因为，二氧化钒超表面的结构形状和尺寸变化将导致超表面等效阻抗的变化，通过合理的设计超表面的结构，优化尺寸参数可获得最优的吸波器阻抗与自由空间阻抗的匹配，从而实现优异的吸收性能。

6.5.3   二氧化钒吸波器的制备与测试

6.5.3.1   太赫兹超材料吸波器的制备

本节设计的基于二氧化钒超表面的太赫兹吸波器的制备流程如图6-21所示。整个吸波器的大体制备步骤如下：（1）准备一个石英基片晶元；（2）利用磁控溅射技术在石英衬底上镀制 VO_2 薄膜；（3）将石英衬底减薄至所需厚度；（4）在 VO_2 薄膜表面旋涂光刻胶并通过掩膜版使光刻胶覆盖在需要保留的 VO_2 圆环图案上方；（5）利用干法刻蚀去除 VO_2 薄膜中不需要的部分，从而在基片表面得到相应的 VO_2 圆环超表面结构；（6）使用磁控溅射设备生长底层的铜金属反射面。

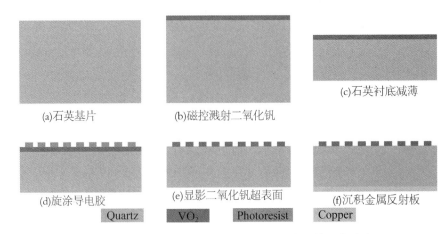

(a)石英基片　　　　　(b)磁控溅射二氧化钒

(c)石英衬底减薄

(d)旋涂导电胶　　　　(e)显影二氧化钒超表面　　　(f)沉积金属反射板

| Quartz | VO₂ | Photoresist | Copper |

图 6-21　基于二氧化钒超表面的太赫兹吸波器的制备流程图

吸波器制备的具体步骤和工艺如下。

掩膜版制作：完成二氧化钒超表面吸波器的结构尺寸设计后，通过 CAD 绘图软件绘制周期阵列的整体外形，本设计的整体尺寸为 20 mm × 20 mm，总共包含一万个周期单元。最后将绘制好的掩膜版采用微纳工艺加工。

基底清洗：为了避免基底污染对后续加工的不良影响，在光刻之前先对石英基片进行清洗，清洗流程与第五章相似，这里不再赘述。

磁控溅射：采用射频磁控溅射镀膜仪器对清洗预处理之后的石英基底进行 VO_2 薄膜的生长。首先，将石英基底放入真空环境的反应腔室中，在高溅射功率下，利用 Ar 原子轰击高纯金属钒靶材，使溅射出的钒原子在高温下与 O_2 发生反应生成 VO_2 以及少部分其他价态的钒氧化物；最后，在氩气氛围下退火，从而在石英基片表面镀制了厚度约 200 nm 的 VO_2 薄膜。镀制二氧化钒薄膜的石英基片如图 6-22 所示，其中黄色部分为 VO_2 薄膜，透明部分为石英基片。

图 6-22　镀制二氧化钒薄膜的石英基片

衬底减薄：采用轮磨加工机将石英基片衬底厚度减薄至本节所需的 230 μm。将镀制二氧化钒薄膜后的石英基片放置在轮磨加工机的工作台上，使用夹具或真空吸盘等方式进行固定，通过控制砂轮的切削速度和加工压力，逐渐减小衬底厚度。经粗磨、中磨使衬底厚度快速接近于目标值，然后调整精磨参数，进一步减小切削量，使其达到最终目标厚度。

减薄完成后，对 VO_2 薄膜进行圆环图案刻制，具体的涂胶、烘烤、曝光、显影、剥离步骤与第五章相似，这里不再赘述。

如图 6-23 所示为制备的圆环形二氧化钒超表面的显微镜视图，其结构完整度较好，超表面图案清晰，无污染，满足加工制备需求。

图 6-23　制备的圆环形二氧化钒超表面的显微镜视图

6.5.3.2　测试结果

采用第五章中描述的自建太赫兹时域光谱测试平台对本节设计的二氧化钒吸波器进行测试。相同地，为了防止测量信号埋没在噪声中，需尽可能地将各分散器件对准，保持一致的高度和角度，以使探测器获得最大的反射太赫兹信号。如图 6-24 所示，与双频段太赫兹超表面完美吸波器测试不同的是，将二氧化钒吸波器放置在恒温台上，通过设置不同的恒温台温度实现对二氧化钒电导率的调控。在测试中，先设置恒温台目标温度，待实际温度上升至设定温度后，需等待几分钟后再进行测试，以保证二氧化钒受热均匀。在本设计中，设置 80 ℃代表高温状态，设置 20 ℃代表低温状态。通过上述的测试过程，可获取到二氧化钒吸波器在不同温度条件下的太赫兹反射光谱，并对其吸收性能进行评估。

图 6-24　基于太赫兹时域光谱测试平台的二氧化钒吸波器测试环境实物图

本节设计的基于二氧化钒超表面的可调吸波器的吸收频点为 0.5 THz 和 0.85 THz，满足时域光谱测试平台的可测范围。将测得的时域信号通过 MATLAB 进行傅里叶变换，得到吸波器的吸收率光谱。在高温和低温状态下，基于二氧化钒超表面的可调吸波器的测试结果如图 6-25 所示。从测试结果中可以看出，在高温状态下，该太赫兹超表面吸波器有两个明显的吸收峰：在 0.5 THz 频点处的吸收率为 66.5%，在 0.85 THz 频率处的吸收率为 80%。在低温状态，吸波器的吸收率明显降低，在 0.5 THz 和 0.85 THz 两个频点处的吸收率分别降低至 30.1% 和 20.1%。测试结果表明，在不同的温度环境下，二氧化钒超表面可实现最高达 59.9% 的吸收率调控深度，验证了所设计的太赫兹吸波器的动态可调谐特性。

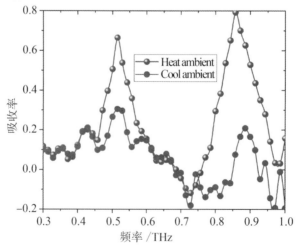

图 6-25　基于二氧化钒超表面的可调吸波器的测试结果

6.6 本章小结

本章从太赫兹可调超表面吸波器的电阻损耗型吸收基本特性出发，设计了两款多功能可切换的可调吸波器和一款吸收率可调吸波器，并采用太赫兹时域光谱测试平台对其可调吸波器的吸收率进行了进一步的实验验证。首先，提出了一种混合石墨烯-二氧化钒的宽带-多频可切换太赫兹吸波器，该吸波器具有双功能、入射角和偏振无关、结构简单、可通过改变石墨烯的费米能级进行吸收率调节等优点。当二氧化钒处于理论绝缘状态时，该器件表现为宽带吸波器，通过调节石墨烯的费米能级，可对宽带吸波器的吸收率进行动态调控。当二氧化钒处于理论金属状态时，该器件表现为多频吸波器，通过调节石墨烯的费米能级，可对多频吸波器的吸收频点进行可重构平移。此外，将传统"三明治"结构吸波器的背部金属反射面替换为二氧化钒薄膜，设计了一款混合石墨烯-二氧化钒的吸收-透射双功能太赫兹器件。当二氧化钒处于理论金属状态时，该器件表现为吸收率可调的吸波器，通过调节石墨烯费米能级，其吸收率可从 17.2% 增加到 99.7%。当二氧化钒处于理论绝缘状态时，该器件表现为透射率可调的透射器，通过调节石墨烯费米能级，其透射率可在 1.02~2.63 THz 的频带范围内实现大于 40% 的可调范围。更重要的是，通过在太赫兹范围内采用双重控制，该器件可在 1.07~2.59 THz 频率范围内，实现近乎完美的透射和吸收切换特性，在 2.3 THz 处的切换效率高达 99.7%。基于以上优点，该多功能器件在太赫兹智能器件，如可调传感器和调制器等领域具有巨大的潜在应用价值。最后，考虑到混合石墨烯-二氧化钒两种可调材料器件的制备难度和测试复杂度，对仅含二氧化钒薄膜的太赫兹可调吸波器进行了设计和试验验证。在实际情况下，石英衬底上生长的二氧化钒薄膜难以实现完美的绝缘和金属状态切换，但其电导率范围可作为电阻膜吸波器应用。采用"二氧化钒超表面-石英衬底-金属反射面"形式的"三明治"结构，在 0.5 THz 和 0.85 THz 两个频点处实现了吸收率可调的太赫兹吸波器。利用携带恒温台的太赫兹时域光谱测试平台对其吸收率的可调性进行了进一步的实验验证，测试结果表明，在不同的温度环境下，二氧化钒超表面可实现最高达 59.9% 的吸收率调控深度。本章通过对石墨烯和二氧化钒材料在太赫兹可调器件应用中的深入研究，为未来太赫兹智能超表面器件的实际应用奠定了良好的基础。

第七章

总结与展望

7.1 总结

  本书首先介绍了太赫兹技术的研究背景和意义，阐述了人工电磁超表面在固态太赫兹技术中的应用潜力，梳理了人工表面等离激元传输线（SSPPs）和人工电磁超表面吸波器（MPA）两种人工电磁超表面技术的研究动态和进展，然后围绕 SSPPs 和 MPA 在太赫兹频段的基本特性展开了系统性研究。

  SSPPs 是人工电磁超表面的传输与导波性质的一种实现方式，本书主要探讨了太赫兹 SSPPs 结构及其在器件集成和应用拓展方面的潜力。首先，从太赫兹频段片上传输线的设计入手，对小型化的 InP 基 SSPPs 传输线进行了设计和验证；其次，针对 SSPPs 的天然低通特性，利用其通带，设计了混合 SIW-SSPPs 的太赫兹带通滤波器和混合 SRR/CSRR-SSPPs 的带阻滤波器，探索了 SSPPs 在太赫兹频段的滤波功能器件应用；最后，利用 SSPPs 的天然阻带，采用金属镍材料制备了高效率的太赫兹波平面吸收结构，并将该结构应用于太赫兹固态功率合成技术中，拓展了 SSPPs 的应用领域。

  MPA 是人工电磁超表面的波束调控特性的一种具体应用，本书主要研究了太赫兹 MPA 结构设计及其在折射率传感和可调吸波领域中的应用。首先，从超表面吸波器的基本吸收原理出发，对"三明治"型超表面吸波器进行了设计，提出了一种具有高 Q 值的窄带吸波器和一款双频吸收的太赫兹吸波器；其次，利用该窄带吸波器，实现了对 PDMS 和 PI 薄膜材料的折射率传感探测，为太赫兹超表面吸波器的实际应用奠定了基础；最后，基于石墨烯–二氧化钒超材料，探索了不同调控条件下的太赫兹多功能可切换超表面，实现了具有多功能的太赫兹可调器件，并对基于二氧化钒的太赫兹可调吸波器进行了试验验证。

本书的研究成果对推动太赫兹人工电磁超表面的实用化发展奠定了重要基础。

7.2 本书的主要工作和创新点

7.2.1 基于 SSPPs 的太赫兹波片上传输技术研究

主要工作：在探索太赫兹片上 SSPPs 传输线实现方面，本书研究了矩形波导与片上 SSPPs 传输线之间的高效模式转换技术，在 195～250 GHz 频率范围内的插入损耗优于 1 dB，这项研究为在太赫兹固态波导模块中实际应用 SSPPs 技术奠定了基础。此外，本书还提出了两种新型小型化 SSPPs 传输线的电路结构，即折叠型和内嵌型，并对其传输性能进行了详细研究。为了验证这些小型化结构的可行性，使用 InP 半导体工艺对它们进行了加工，并采用太赫兹在片测试探针台进行了实验验证。

创新点：首次将片上集成天线过渡思想用于矩形波导与 SSPPs 之间的模式转换，提出了一种偶极子天线过渡结构。该结构设计简便、尺寸紧凑，并且能够在 195～250 GHz 频率范围内实现高效的模式转换。这种 RWG-SSPPs 模式转换方式可为未来 SSPPs 在太赫兹波导模块中的实际应用奠定良好的基础。相关成果已经发表在 IEEE *Transactions on Antennas and Propagation* 专业顶级期刊上并获得国家发明专利授权。

7.2.2 基于 SSPPs 的太赫兹滤波技术研究

主要工作：基于 SSPPs 天然的低通特性，本书对混合 SRR/CSRR-SSPPs 的带阻滤波器和混合 SIW-SSPPs 的太赫兹带通滤波器进行了研究。首先,本书提出了一种高度集成的带阻滤波器,它在保持 SSPPs 传输线占地面积不变的情况下,实现了宽带范围内的高深度抑制,其相对带宽从 10.7% 提升至了 21%。其次,本书设计了一种可以灵活调控上下边带的带通滤波器,它在确保宽通带的同时,还表现出优异的带外抑制特性。此外,通过引入二氧化钒(VO_2)薄膜到 SSPPs 传输线中,实现了太赫兹滤波器的实时调控,进一步增强了其调节性能。

创新点:基于 SRR/CSRR 谐振滤波理念,提出了混合 SRR/CSRR-SSPPs 的宽带带阻滤波结构,该结构在保持紧凑结构的同时,实现了抑制带宽和抑制深度的增强。相关成果已经发表在 IEEE *Electron Device Letters* 专业顶级期刊上,并获得国家发明专利授权,且该项发明专利已实现商业转化。

7.2.3 基于 SSPPs 的太赫兹功率合成技术研究

主要工作:提出了一种新颖的太赫兹平面传输结构,利用混合金属镍的电磁损耗特性和 SSPPs 的低通特性,可以在高频范围内实现对太赫兹波的完美吸收。这种传输结构具有制备方便、结构紧凑和装配简易等优点。利用这种 Ni-SSPPs 结构,成功实现了具有高隔离度的太赫兹 T 形功分结构(隔离度约为 18 dB),通过结合 TMICs 芯片,验证了这种结构在太赫兹功率合成技术和倍频合成技术中的应用潜力。此外,本书还提出了一种嵌入波导式的 Ni-SSPPs 匹配负载结构,这种负载不再受额外材料最高工作温度的限制。将该结构放置在定向耦合器的隔离端口,成功研制出了 3 mm 波段的两路功率合成模块。

创新点:首次将复合 Ni-SSPPs 的阻带平面结构理念应用于太赫兹功率合成技术中,提出了具有高隔离度的太赫兹 T 形结功分器和具有高功率容量的波导定向耦合器,这种高隔离功率合成技术的实现避免了传统的楔形或锥形有耗吸波材料以及薄膜电阻的引入,且其功率容量不再受到有耗吸波材料和薄膜电阻最高工作温度的限制。这一创新将有助于推动毫米波和太赫兹高功率固态源领域的技术发展,并在通信、雷达和图像处理等领域中具有广泛的应用前景。相关成果已经发表在 IEEE *Transactions on Microwave Theory and Techniques* 专业顶级期刊上。

7.2.4 太赫兹超表面窄带吸波器设计

主要工作：对太赫兹超表面完美吸波器（MPA）的工作机理进行了深入研究。首先，本书设计了一款具有高 Q 值的超薄 MPA，并在微波暗室中进行了测试，验证了它在降低雷达散射面积方面的能力。通过测试结果，本书计算出了该 MPA 的吸收效率。另外，本书设计了一款双频带的太赫兹 MPA，并进行了实物加工。利用太赫兹时域光谱系统，该太赫兹 MPA 进行了实验验证。最后，本书在吸波器表面放置了两种不同的薄膜材料，通过吸收频点的偏移区分了二者的折射率，验证了太赫兹 MPA 的折射率传感应用。

创新点：基于超表面完美吸波理论，提出了一种"倒置十字星"吸波结构，得益于其电荷局域增强特性，该吸波器实现了高 Q 值（达 69.8）、超薄厚度（仅为 $\lambda_0/188$）、以及出色的角度不敏感性（对 TE 波为 65°，对 TM 波为 80°），并且设计简便、结构简单、制备方便。这一创新有望在折射率传感和雷达散射截面降低等领域发挥重要作用。相关成果已经发表在 IEEE Transactions on Microwave Theory and Techniques 专业顶级期刊上。

7.2.5 太赫兹可调超表面器件设计

主要工作：针对可调谐的多功能超表面吸波器在太赫兹智能系统中的重要应用价值，混合石墨烯和二氧化钒可调材料设计了两款具有功能可切换的太赫兹超表面器件，分别实现了宽带吸收-多频吸收可切换功能和宽带吸收-透射开关功能。为了实验验证太赫兹器件的可调特性，设计了一款由"圆环形二氧化钒电阻膜-石英介质-金属反射面"结构组成的太赫兹双频吸波器，并采用微纳工艺对其进行了实物加工，采用太赫兹时域光谱系统对其进行了试验验证，通过改变环境温度验证了其吸收率温控可调特性。

创新点：基于超表面吸波理论和新兴可调材料，提出了一种将石墨烯和二氧化钒结合在一起的混合材料组成的太赫兹多功能可调超表面，这种超表面可具备宽带-多频吸收或吸收-透射切换双重功能，且可通过改变石墨烯的费米能级和二氧化钒的电导率来实现功能器件吸波率、透射率等散射参数的调控。这

一创新可为未来智能太赫兹超表面系统提供途径。相关成果已经发表在 *Optics Express* 专业顶级期刊上。

7.3 未来展望

太赫兹波的传输和调控技术是当前科学领域的前沿课题，国内外人工电磁超表面相关技术更是发展迅速。在微波频段，人工电磁超表面的研究领域已覆盖了平面电磁波传输、空间电磁波调控、电磁信息超表面、超材料通信系统等各个体系。尽管国家大力扶持，人工电磁超表面在太赫兹频段的研究仍较为欠缺，在太赫兹单片集成电路和固态射频前端中的应用领域仍有诸多尚未探索的空白。本书总结了一些问题需要在未来进一步研究。

（1）基于 SSPPs 的太赫兹高集成度片上器件及系统

在 InP 半导体工艺基础上，将 SSPPs、微带线和 GCPW 归纳到统一的等效电路模型理论框架下，进一步探究周期结构之间相互作用对色散特性及场束缚能力的影响机理。探索 InP 基晶体管与 SSPPs 的结合机理，建立基于 SSPPs 传输线有源器件的半导体物理基模型，以实现太赫兹波的能量放大和高效倍频，最终结合无源器件构建太赫兹高集成度片上系统，并在太赫兹通信、成像等领域进行应用验证。

（2）SSPPs 在太赫兹固态前端模块中的应用领域拓展

进一步探索 SSPPs 在太赫兹固态模块中的应用场景，针对 SSPPs 的独特色散特性，利用其可实现低损耗传输的通带特性，探索 SSPPs 代替传统平面传输线的可能；利用其具有强场束缚能力特性，充分挖掘其在 LTCC、HTCC 等多层布线领域中的应用；利用其天然的阻带特性，实现探索其在波导缝隙电磁泄漏抑制以及谐振抑制方面的潜力。最终，基于 SSPPs 实现太赫兹固态射频收发前端模块研制。

（3）基于人工电磁超表面的太赫兹多功能阵列制备

在太赫兹频段，制备亚波长尺寸的人工电磁超表面大阵列是一项相当复杂的任务，尤其是在实现多种独立调控手段和多功能可切换大面积阵列方面。在通常情况下，人工电磁超表面的制备采用聚焦离子束或光刻等技术，然而，这些过程存在着成本高、步骤复杂和稳定性低的问题。此外，结合可调材料如石墨烯和二氧化钒的超材料，也存在着生长准确度和普适性方面的问题，这对于未来太赫兹智能多功能器件的实际应用而言是一个巨大的挑战。因此，在未来的发展中，可以通过不断改进制备技术、优化工艺流程以及寻找新的材料和制备方法来实现。此外，技术人员还可以加强对制备过程中关键参数的控制和监测，以提高制备的稳定性和可重复性。

参考文献

[1] 刘盛纲. 太赫兹科学技术的新发展[J]. 中国基础科学, 2006, 8(1): 7-12.

[2] SIEGEL P H. Terahertz technology[J]. IEEE Transactions on Microwave Theory and Techniques, 2002, 50(3): 910-928.

[3] Bradley Ferguson, 张希成. 太赫兹科学与技术研究回顾[J]. 物理, 2003, 32(5): 286-293.

[4] 姚建铨, 迟楠, 杨鹏飞, 等. 太赫兹通信技术的研究与展望[J]. 中国激光, 2009, 36(9): 2213-2233.

[5] 司黎明, 徐浩阳, 董琳, 等. 2020年太赫兹科学与技术热点回眸[J]. 科技导报, 2021, 39(1): 201-211.

[6] NAYAK S, PATGIRI R. 6G communication: envisioning the key issues and challenges[J]. EAI Endorsed Transactions on Internet of Things, 2020, 6(24): e1.

[7] 周智伟. 太赫兹技术发展综述(下)[J]. 军民两用技术与产品, 2020(2): 44-47.

[8] BUCKWALTER J F, RODWELL M J W, NING K, et al. Prospects for high-efficiency silicon and III-V power amplifiers and transmitters in 100-300 GHz bands[C]//2021 IEEE Custom Integrated Circuits Conference (CICC). April 25-30, 2021, Austin, TX, USA. IEEE, 2021: 1-7

[9] ZHANG Z Q, XIAO Y, MA Z, et al. 6G wireless networks: vision, requirements, architecture, and key technologies[J]. IEEE Vehicular Technology Magazine, 2019, 14(3): 28-41

[10] NAKAMURA T. 5G evolution and 6G[C]//2020 IEEE Symposium on VLSI Technology. June 16-19, 2020, Honolulu, HI, USA. IEEE, 2020: 1-5.

[11] KOKKONEN M, MYLLYM? KI S, JANTUNEN H. Focal length of a low permittivity Plano-convex lens at frequencies 30 – 600GHz[J]. Electronics Letters, 2020, 56(5): 223-225.

[12] ZHANG J, ZHU M, LEI M Z, et al. Real-time demonstration of 103. 125-Gbps fiber-THz-fiber 2 × 2 MIMO transparent transmission at 360-430 GHz based on photonics[J]. Optics

Letters, 2022, 47(5): 1214-1217.

[13]广东省新一代通信与网络创新研究院. 6G 新突破 | 粤通院 200 GHz 全固态电子太赫兹通信系统实现 130 Gbps 实时传输新纪录[EB/OL]. 太赫兹研发网, [2022-02-21]. http://www.thznetwork.org.cn/shownews.asp? id=1287.

[14]ZHANG Y, WU C K, LIU X Y, et al. The development of frequency multipliers for terahertz remote sensing system[J]. Remote Sensing, 2022, 14(10): 2486. [LinkOut]

[15]博微太赫兹人体安检仪[J]. 科技成果管理与研究, 2016(1): 12.

[16]LAMPIN J F, MOURET G, DHILLON S, et al. THz spectroscopy for fundamental science and applications[J]. Photoniques, 2020(101): 33-38

[17]SEBASTIANI F, MA C Y, FUNKE S, et al. Probing local electrostatics of Glycine in aqueous solution by THz spectroscopy[J]. Angewandte Chemie (International Ed), 2021, 60(7): 3768-3772.

[18]Mathanker S K, Weckler P R, Wang N, Terahertz (THz) applications in food and agriculture: a review[J]. Trans. ASABE, 2013, 56(3): 1213 – 1226.

[19]WANG Z F, PENG Y, SHI C J, et al. Qualitative and quantitative recognition of chiral drugs based on terahertz spectroscopy[J]. The Analyst, 2021, 146(12): 3888-3898.

[20]RAMUNDO ORLANDO A, GALLERANO G P. Terahertz radiation effects and biological applications[J]. Journal of Infrared, Millimeter, and Terahertz Waves, 2009, 30(12): 1308-1318.

[21]SOYLU G, HéRAULT E, BOULANGER B, et al. Sub-wavelength THz imaging of the domains in periodically poled crystals through optical rectification[J]. Journal of Infrared, Millimeter, and Terahertz Waves, 2020, 41(9): 1144-1154.

[22]UZAWA Y, FUJII Y, KOJIMA T, et al. Superconducting receiver technologies supporting ALMA and future prospects[J]. Radio Science, 2021, 56(5): 1-15.

[23]任远, 缪巍, 史生才. 超导探测器与太赫兹天文应用[J]. 物理, 2023, 52(4): 255-265.

[24]KRAMAROVA N A, BHARTIA P K, JAROSS G, et al. Validation of ozone profile retrievals derived from the OMPS LP version2.5 algorithm against correlative satellite measurements[J]. Atmospheric Measurement Techniques, 2018, 11(5): 2837-2861.

[25]PADILLA W J, ARONSSON M T, HIGHSTRETE C, et al. Electrically resonant terahertz metamaterials: Theoretical and experimental investigations[J]. Physical Review B, 2007, 75(4): 041102.

［26］PADILLA W J, TAYLOR A J, HIGHSTRETE C, et al. Dynamical electric and magnetic metamaterial response at terahertz frequencies［J］. Physical Review Letters, 2006, 96 （10）: 107401.

［27］刘燕. 基于表面等离子体激元的新型波导及器件研究［D］. 成都: 电子科技大学, 2019.

［28］张茜. 基于超表面的电磁波调控与应用［D］. 南京: 东南大学, 2019.

［29］尹佳媛. 新型人工电磁表面电磁调控关键技术研究［D］. 南京: 东南大学, 2017.

［30］凌昊天. 基于薄膜材料的超材料和人工表面等离激元动态调制方法的研究［D］. 济南: 山东大学, 2021.

［31］崔铁军. 电磁超材料——从等效媒质到现场可编程系统［J］. 中国科学: 信息科学, 2020, 50（10）: 1427-1461.

［32］GARCIA-VIDAL F J, FERNáNDEZ-DOMíNGUEZ A I, MARTIN-MORENO L, et al. Spoof surface plasmon photonics［J］. Reviews of Modern Physics, 2022, 94（2）: 025004.

［33］张浩驰. 人工表面等离激元的基本原理、器件综合及系统集成［D］. 南京: 东南大学, 2020.

［34］YE L F, CHEN Y, WANG Z Y, et al. Compact spoof surface plasmon polariton waveguides and Notch filters based on meander-strip units［J］. IEEE Photonics Technology Letters, 2021, 33（3）: 135-138.

［35］张磊, 陈晓晴, 郑熠宁, 等. 电磁超表面与信息超表面［J］. 电波科学学报, 2021, 36 （6）: 817-828.

［36］WANG B X, XU C Y, DUAN G Y, et al. Review of broadband metamaterial absorbers: from principles, design strategies, and tunable properties to functional applications［J］. Advanced Functional Materials, 2023, 33（14）: 2213818.

［37］王彦朝, 许河秀, 王朝辉, 等. 电磁超材料吸波体的研究进展［J］. 物理学报, 2020, 69（13）: 39-51.

［38］傅晓建, 石磊, 崔铁军. 太赫兹超材料及其成像应用研究进展［J］. 材料工程, 2020, 48（6）: 12-22.

［39］HASSOUNA S, ALI JAMSHED M, RAINS J, et al. A survey on reconfigurable intelligent surfaces: wireless communication perspective［J］. IET Communications, 2023, 17（5）: 497-537.

［40］O'HARA J F, SINGH R, BRENER I, et al. Thin-film sensing with planar terahertz metamaterials: sensitivity and limitations［J］. Optics Express, 2008, 16（3）: 1786-1795.

［41］刘濮鲲，黄铁军．太赫兹表面等离激元及其应用［J］．红外与毫米波学报，2020，39（2）：169-190.

［42］CHEN C X, CHAI M Q, JIN M H, et al. Terahertz metamaterial absorbers［J］. Advanced Materials Technologies, 2022, 7(5): 2101171.

［43］HE J W, HE X J, DONG T, et al. Recent progress and applications of terahertz metamaterials［J］. J Phys D: Appl Phys, 2022(55): 123002.

［44］BARNES W L, DEREUX A, EBBESEN T W. Surface plasmon subwavelength optics［J］. Nature, 2003, 424(6950): 824-830. ［PubMed］

［45］MAIER S A. Plasmonics: fundamentals and applications［M］. New York: Springer, 2007.

［46］PENDRY J B, MARTíN-MORENO L, GARCIA-VIDAL F J. Mimicking surface plasmons with structured surfaces［J］. Science, 2004, 305(5685): 847-848.

［47］李陆坪．基于人工表面等离激元的平面微波滤波器研究［D］．成都：电子科技大学，2019.

［48］HIBBINS A P, EVANS B R, SAMBLES J R. Experimental verification of designer surface plasmons［J］. Science, 2005, 308(5722): 670-672.

［49］GARCIA-VIDAL F J, MARTíN-MORENO L, PENDRY JB. Surfaces with holes in them: new plasmonic metamaterials［J］. Journal of Optics A: Pure and Applied Optics, 2005, 7(2): S97-S101.

［50］WILLIAMS C R, ANDREWS S R, MAIER S A, et al. Highly confined guiding of terahertz surface plasmon polaritons on structured metal surfaces［J］. Nature Photonics, 2008, 2: 175-179.

［51］NAGPAL P, LINDQUIST N C, OH S H, et al. Ultrasmooth patterned metals for plasmonics and metamaterials［J］. Science, 2009, 325(5940): 594-597.

［52］MORENO E, RODRIGO S G, BOZHEVOLNYI S I, et al. Guiding and focusing of electromagnetic fields with wedge plasmon polaritons［J］. Physical Review Letters, 2008, 100(2): 023901.

［53］SHEN X P, CUI T J, MARTIN-CANO D, et al. Conformal surface plasmons propagating on ultrathin and flexible films［J］. Proceedings of the National Academy of Sciences of the United States of America, 2013, 110(1): 40-45.

［54］SHEN X P, TIE JC. Planar plasmonic metamaterial on a thin film with nearly zero thickness［J］. 2013, 102(21): 211909.

［55］MA H F, SHEN X P, CHENG Q, et al. Broadband and high-efficiency conversion from

guided waves to spoof surface plasmon polaritons[J]. Laser & Photonics Reviews, 2014, 8 (1): 146-151.

[56]XU J, CUI Y J, GUO J, et al. Broadband transition between microstrip line and spoof SP waveguide[J]. Electronics Letters, 2016, 52(20): 1694-1695.

[57]TANG W X, WANG J P, YAN X T, et al. Broadband and high-efficiency excitation of spoof surface plasmon polaritons through rectangular waveguide[J]. Frontiers in Physics, 2020, 8: 410.

[58]PAN B C, LIAO Z, ZHAO J, et al. Controlling rejections of spoof surface plasmon polaritons using metamaterial particles [J]. Optics Express, 2014, 22 (11): 13940-13950.

[59]YAN R T, ZHANG H C, HE P H, et al. A broadband and high-efficiency compact transition from microstrip line to spoof surface plasmon polaritons[J]. IEEE Microwave and Wireless Components Letters, 2020, 30(1): 23-26.

[60]HU M Z, ZHANG H C, YIN J Y, et al. Ultra-wideband filtering of spoof surface plasmon polaritons using deep subwavelength planar structures [J]. Scientific Reports, 2016, 6: 37605.

[61]UQAILI J A, QI L M, ALI MEMON K, et al. Research on spoof surface plasmon polaritons (SPPs) at microwave frequencies: a bibliometric review[J]. Plasmonics, 2022, 17(3): 1203-1230.

[62]XU K D, GUO Y J, DENG X J. Terahertz broadband spoof surface plasmon polaritons using high-order mode developed from ultra-compact split-ring grooves [J]. Optics Express, 2019, 27(4): 4354-4363. [PubMed]

[63]LI J X, SHI J W, XU K D, et al. Spoof surface plasmon polaritons developed from coplanar waveguides in microwave frequencies[J]. IEEE Photonics Technology Letters, 2020, 32(22): 1431-1434.

[64]YE L F, FENG H, LI W W, et al. Ultra-compact spoof surface plasmon polariton waveguides and Notch filters based on double-sided parallel-strip lines[J]. Journal of Physics D: Applied Physics, 2020, 53(26): 265502.

[65]YE L F, FENG H, CAI G X, et al. High-efficient and low-coupling spoof surface plasmon polaritons enabled by V-shaped microstrips [J]. Optics Express, 2019, 27 (16): 22088-22099.

[66]XU K D, ZHANG F Y, GUO Y J, et al. Spoof surface plasmon polaritons based on

balanced coplanar stripline waveguides[J]. IEEE Photonics Technology Letters, 2020, 32 (1): 55-58.

[67]LIU L, YANG C M, YANG J, et al. Spoof surface plasmon polaritons on ultrathin metal strips: from rectangular grooves to split-ring structures[J]. JOSA B, 2017, 34(6): 1130-1134.

[68]ZHANG Q, ZHANG H C, WU H, et al. A hybrid circuit for spoof surface plasmons and spatial waveguide modes to reach controllable band-pass filters[J]. Scientific Reports, 2015, 5: 16531.

[69]JI L, LI X C, MAO J F. Half-mode substrate integrated waveguide dispersion tailoring using 2.5-D spoof surface plasmon polaritons structure [J]. IEEE Transactions on Microwave Theory and Techniques, 2020, 68(7): 2539-2550.

[70]GUO Y J, XU K D, DENG X J, et al. Millimeter-wave on-chip bandpass filter based on spoof surface plasmon polaritons [J]. IEEE Electron Device Letters, 2020, 41 (8): 1165-1168.

[71]LIU Y Q, XU K D, LI J X, et al. Millimeter-wave E-plane waveguide bandpass filters based on spoof surface plasmon polaritons[J]. IEEE Transactions on Microwave Theory and Techniques, 2022, 70(10): 4399-4409.

[72]ZHAO L, ZHANG X, WANG J, et al. A novel broadband band-pass filter based on spoof surface plasmon polaritons[J]. Scientific Reports, 2016, 6: 36069.

[73]WANG M, SUN S, MA H F, et al. Supercompact and ultrawideband surface plasmonic bandpass filter[J]. IEEE Transactions on Microwave Theory and Techniques, 2020, 68 (2): 732-740.

[74]PAN L D, WU Y L, WANG W M, et al. A flexible high-selectivity single-layer coplanar waveguide bandpass filter using interdigital spoof surface plasmon polaritons of bow-Tie cells [J]. IEEE Transactions on Plasma Science, 2020, 48(10): 3582-3588.

[75]WANG Z X, ZHANG H C, LU J Y, et al. Compact filters with adjustable multi-band rejections based on spoof surface plasmon polaritons[J]. Journal of Physics D: Applied Physics, 2019, 52(2): 025107.

[76]ZHAO S M, ZHANG H C, ZHAO J H, et al. An ultra-compact rejection filter based on spoof surface plasmon polaritons[J]. Scientific Reports, 2017, 7(1): 10576.

[77]ZHANG Q, ZHANG H C, YIN J Y, et al. A series of compact rejection filters based on the interaction between spoof SPPs and CSRRs[J]. Scientific Reports, 2016, 6: 28256.

［78］GAO X, ZHOU L, YU X Y, et al. Ultra-wideband surface plasmonic Y-splitter［J］. Optics Express, 2015, 23(18): 23270-23277.

［79］WU Y L, LI M X, YAN G Y, et al. Single-conductor co-planar quasi-symmetry unequal power divider based on spoof surface plasmon polaritons of bow-Tie cells［J］. 2016, 6 (10): 105110.

［80］ZHOU S Y, WONG S W, LIN J Y, et al. Four-way spoof surface plasmon polaritons splitter/combiner［J］. IEEE Microwave and Wireless Components Letters, 2019, 29(2): 98-100.

［81］ZHU S S, LIU H W, CHEN Z J. An antipodal Vivaldi antenna array based on spoof surface plasmon polariton metamaterial with 5G mm Wave suppression［J］. Journal of Physics D: Applied Physics, 2021, 54(28): 28LT02.

［82］YANG L, XU F, JIANG T, et al. A wideband high-gain endfire antenna based on spoof surface plasmon polaritons［J］. IEEE Antennas and Wireless Propagation Letters, 2020, 19 (12): 2522-2525.

［83］CAO D, LI Y J, WANG J H. A millimeter-wave spoof surface plasmon polaritons-fed microstrip patch antenna array［J］. IEEE Transactions on Antennas and Propagation, 2020, 68(9): 6811-6815.

［84］ZHANG Q L, CHEN B J, CHAN K F, et al. High-gain millimeter-wave antennas based on spoof surface plasmon polaritons［J］. IEEE Transactions on Antennas and Propagation, 2020, 68(6): 4320-4331.

［85］TIAN D, WANG J F, KIANINEJAD A, et al. Compact high-efficiency resonator antennas based on dispersion engineering of even-mode spoof surface plasmon polaritons［J］. IEEE Transactions on Antennas and Propagation, 2020, 68(4): 2557-2564.

［86］HAN Y J, GONG S H, WANG J F, et al. Shared-aperture antennas based on even- and odd-mode spoof surface plasmon polaritons［J］. IEEE Transactions on Antennas and Propagation, 2020, 68(4): 3254-3258.

［87］FAN Y, WANG J F, LI Y F, et al. Frequency scanning radiation by decoupling spoof surface plasmon polaritons via phase gradient metasurface［J］. IEEE Transactions on Antennas and Propagation, 2018, 66(1): 203-208.

［88］WANG D P, WANG G M, CAI T, et al. Planar spoof surface plasmon polariton antenna by using transmissive phase gradient metasurface［J］. Annalen Der Physik, 2020, 532 (6): 2000008.

［89］CHENG Z W, MA H F, WANG M, et al. Dual-beam leaky-wave radiations with independent controls of amplitude, angle, and polarization based on SSPP waveguide［J］. Advanced Photonics Research, 2022, 3(5): 2100313.

［90］KIANINEJAD A, CHEN Z N, QIU C W. A single-layered spoof-plasmon-mode leaky wave antenna with consistent gain［J］. IEEE Transactions on Antennas and Propagation, 2017, 65(2): 681-687.

［91］YIN J Y, REN J, ZHANG L, et al. Microwave Vortex-beam emitter based on spoof surface plasmon polaritons［J］. Laser & Photonics Reviews, 2018, 12(3): 1600316.

［92］GUAN D F, YOU P, ZHANG Q F, et al. A wide-angle and circularly polarized beam-scanning antenna based on microstrip spoof surface plasmon polariton transmission line［J］. IEEE Antennas and Wireless Propagation Letters, 2017, 16: 2538-2541.

［93］ZHANG H C, HE P H, GAO X X, et al. Pass-band reconfigurable spoof surface plasmon polaritons［J］. Journal of Physics Condensed Matter, 2018, 30(13): 134004.

［94］DING C, MENG F Y, HAN J Q, et al. Design of filtering tunable liquid crystal phase shifter based on spoof surface plasmon polaritons in PCB technology［J］. IEEE Transactions on Components, Packaging and Manufacturing Technology, 2019, 9(12): 2418-2426.

［95］DING C, MENG F Y, JIN T, et al. Tunable balanced liquid crystal phase shifter based on spoof surface plasmon polaritons with common-mode suppression［J］. Liquid Crystals, 2020, 47(11): 1612-1623.

［96］ZHANG X R, TANG W X, ZHANG H C, et al. A spoof surface plasmon transmission line loaded with varactors and short-circuit stubs and its application in Wilkinson power dividers ［J］. Advanced Materials Technologies, 2018, 3(6): 1800046.

［97］YANG X Q, LUO J F, GU D Z, et al. High-efficiency electrically direction-controllable spoof surface plasmon polaritons coupler［J］. 2020, 127(23): 233105

［98］TIAN D, KIANINEJAD A, ZHANG A X, et al. Graphene-based dynamically tunable attenuator on spoof surface plasmon polaritons waveguide［J］. IEEE Microwave and Wireless Components Letters, 2019, 29(6): 388-390.

［99］YI Y, ZHANG A Q. A tunable graphene filtering attenuator based on effective spoof surface plasmon polariton waveguide［J］. IEEE Transactions on Microwave Theory and Techniques, 2020, 68(12): 5169-5177.

［100］ZHANG T, ZHANG Y X, SHI Q W, et al. On-chip THz dynamic manipulation based on tunable spoof surface plasmon polaritons［J］. IEEE Electron Device Letters, 2019, 40

（11）：1844-1847.

［101］ZHANG H C, CUI T J, XU J, et al. Real-time controls of designer surface plasmon polaritons using programmable plasmonic metamaterial［J］. Advanced Materials Technologies, 2017, 2（1）：1600202.

［102］WANG M, MA H F, TANG W X, et al. Programmable controls of multiple modes of spoof surface plasmon polaritons to reach reconfigurable plasmonic devices［J］. Advanced Materials Technologies, 2019, 4（3）：1800603.

［103］ZHANG H C, CUI T J, LUO Y, et al. Active digital spoof plasmonics［J］. National Science Review, 2020, 7（2）：261-269.

［104］ZHANG L P, ZHANG H C, TANG M, et al. Integrated multi-scheme digital modulations of spoof surface plasmon polaritons［J］. Science China Information Sciences, 2020, 63（10）：202302.

［105］ZHANG H C, LIU S, SHEN X P, et al. Broadband amplification of spoof surface plasmon polaritons at microwave frequencies［J］. Laser & Photonics Reviews, 2015, 9（1）：83-90.

［106］ZHANG H C, FAN Y F, GUO J, et al. Second-harmonic generation of spoof surface plasmon polaritons using nonlinear plasmonic metamaterials［J］. ACS Photonics, 2016, 3（1）：139-146.

［107］CHEN Z P, LU W B, LIU Z G, et al. Dynamically tunable integrated device for attenuation, amplification, and transmission of SSPP using graphene［J］. IEEE Transactions on Antennas and Propagation, 2020, 68（5）：3953-3962.

［108］LIANG Y, YU H, FENG G Y, et al. An energy-efficient and low-crosstalk sub-THz I/O by surface plasmonic polariton interconnect in CMOS［J］. IEEE Transactions on Microwave Theory and Techniques, 2017, 65（8）：2762-2774.

［109］ZHANG H C, ZHANG L P, HE P H, et al. A plasmonic route for the integrated wireless communication of subdiffraction-limited signals［J］. Light, Science & Applications, 2020, 9：113.

［110］TIAN X, LEE P M, TAN Y J, et al. Wireless body sensor networks based on metamaterial textiles［J］. Nature Electronics, 2019, 2：243-251.

［111］GAO X X, MA Q, GU Z, et al. Programmable surface plasmonic neural networks for microwave detection and processing［J］. Nature Electronics, 2023, 6：319-328.

［112］王玥, 崔子健, 张晓菊, 等. 超材料赋能先进太赫兹生物化学传感检测技术的研究

进展[J]. 物理学报, 2021, 70(24): 301-320.

[113] MATTIUCCI N, BLOEMER M J, AK？ZBEK N, et al. Impedance matched thin metamaterials make metals absorbing[J]. Scientific Reports, 2013, 3: 3203.

[114] CHEN H S, WU B I, ZHANG B L, et al. Electromagnetic wave interactions with a metamaterial cloak[J]. Physical Review Letters, 2007, 99(6): 063903.

[115] LANDY N, SAJUYIGBE S, MOCK J, et al. Perfect metamaterial absorber[J]. Phys. Rev. Lett., 2008, 100(20): 207402.

[116] TAO H, BINGHAM C M, STRIKWERDA A C, et al. Highly flexible wide angle of incidence terahertz metamaterial absorber: design, fabrication, and characterization[J]. Physical Review B, 2008, 78(24): 241103.

[117] SINGH P K, KOROLEV K A, AFSAR M N, et al. Single and dual band 77/95/110？ GHz metamaterial absorbers on flexible polyimide substrate[J]. 2011, 99(26): 264101.

[118] LIU X L, STARR T, STARR A F, et al. Infrared spatial and frequency selective metamaterial with near-unity absorbance [J]. Physical Review Letters, 2010, 104 (20): 207403.

[119] Kang S H, Qian Z Y, Rajaram V, et al. Ultra-narrowband metamaterial absorbers for high spectral resolution infrared spectroscopy [J]. Adv. Opt. Mater., 2019, 7 (2): 1801236.

[120] HE J N, DING P, WANG J Q, et al. Ultra-narrow band perfect absorbers based on plasmonic analog of electromagnetically induced absorption[J]. Optics Express, 2015, 23 (5): 6083-6091.

[121] EBRAHIMI A, AKO R T, LEE W S L, et al. High-MYMQMYM terahertz absorber with stable angular response[J]. IEEE Transactions on Terahertz Science and Technology, 2020, 10(2): 204-211

[122] WANG F L, HUANG S, LI L, et al. Dual-band tunable perfect metamaterial absorber based on graphene[J]. Applied Optics, 2018, 57(24): 6916-6922.

[123] SHEN X P, YANG Y, ZANG Y Z, et al. Triple-band terahertz metamaterial absorber: design, experiment, and physical interpretation[J]. 2012, 101(15): 154102.

[124] YAO G, LING F R, YUE J, et al. Dual-band tunable perfect metamaterial absorber in the THz range[J]. Optics Express, 2016, 24(2): 1518-1527.

[125] HU F R, WANG L, QUAN B G, et al. Design of a polarization insensitive multiband terahertz metamaterial absorber[J]. Journal of Physics D: Applied Physics, 2013, 46

（19）：195103.

[126] CUI Z J, WANG Y, YUE L S, et al. Absorption-mode splitting of terahertz metamaterial mediated by coupling of spoof surface plasmon polariton[J]. IEEE Transactions on Terahertz Science and Technology, 2021, 11(6)：626-634.

[127] GU S, BARRETT J P, HAND T H, et al. A broadband low-reflection metamaterial absorber[J]. 2010, 108(6)：064913.

[128] 黄鑫. 太赫兹超材料吸波器架构及绝缘材料介电特性检测方法研究[D]. 重庆：重庆大学, 2019.

[129] 邹涛波, 胡放荣, 肖靖, 等. 基于超材料的偏振不敏感太赫兹宽带吸波体设计[J]. 物理学报, 2014, 63(17)：350-358.

[130] WANG G D, LIU M H, HU X W, et al. Broadband and ultra-thin terahertz metamaterial absorber based on multi-circular patches[J]. The European Physical Journal B, 2013, 86 (7)：304.

[131] WANG B X, WANG L L, WANG G Z, et al. Theoretical investigation of broadband and wide-angle terahertz metamaterial absorber[J]. IEEE Photonics Technology Letters, 2014, 26(2)：111-114.

[132] GRANT J, MA Y, SAHA S, et al. Polarization insensitive, broadband terahertz metamaterial absorber[J]. Optics Letters, 2011, 36(17)：3476-3478.

[133] CUI Y X, FUNG K H, XU J, et al. Ultrabroadband light absorption by a sawtooth anisotropic metamaterial slab[J]. Nano Letters, 2012, 12(3)：1443-1447.

[134] SUN Y B, SHI Y P, LIU X Y, et al. A wide-angle and TE/TM polarization-insensitive terahertz metamaterial near-perfect absorber based on a multi-layer plasmonic structure[J]. Nanoscale Advances, 2021, 3(14)：4072-4078.

[135] JIANG M W, SONG Z Y, LIU Q H. Ultra-broadband wide-angle terahertz absorber realized by a doped silicon metamaterial[J]. Optics Communications, 2020, 471：125835.

[136] CHENG Y Z, WITHAYACHUMNANKUL W, UPADHYAY A, et al. Ultrabroadband plasmonic absorber for terahertz waves[J]. Advanced Optical Materials, 2015, 3(3)：376-380.

[137] ZHU B, WANG Z B, YU Z Z, et al. Planar metamaterial microwave absorber for all wave polarizations[J]. Chinese Physics Letters, 2009, 26(11)：114102.

[138] GU C, QU S B, PEI Z B, et al. A metamaterial absorber with direction-selective and

polarisation-insensitive properties[J]. Chinese Physics B, 2011, 20(3): 037801.

[139]LANDY N I, BINGHAM C M, TYLER T, et al. Design, theory, and measurement of a polarization-insensitive absorber for terahertz imaging[J]. Physical Review B, 2009, 79 (12): 125104.

[140]LIU N, MESCH M, WEISS T, et al. Infrared perfect absorber and its application as plasmonic sensor[J]. Nano Letters, 2010, 10(7): 2342-2348.

[141]TUONG P V, PARK J W, RHEE J Y, et al. Polarization-insensitive and polarization-controlled dual-band absorption in metamaterials[J]. 2013, 102(8): 081122.

[142]HE X J, WANG Y, WANG J M, et al. Dual-band terahertz metamaterial absorber with polarization insensitivity and wide incident angle [J]. Progress in Electromagnetics Research-Pier, 2011, 115: 381-397.

[143]WU M, ZHAO X G, ZHANG J D, et al. A three-dimensional all-metal terahertz metamaterial perfect absorber[J]. 2017, 111(5): 051101.

[144]CHEN W C, CARDIN A, KOIRALA M, et al. Role of surface electromagnetic waves in metamaterial absorbers[J]. Optics Express, 2016, 24(6): 6783-6792.

[145]CHEN W C, BINGHAM C M, MAK K M, et al. Extremely subwavelength planar magnetic metamaterials[J]. Physical Review B, 2012, 85(20): 201104.

[146]LI L, YANG Y, LIANG C H. A wide-angle polarization-insensitive ultra-thin metamaterial absorber with three resonant modes[J]. Journal of Applied Physics, 2011, 110(6): 063702.

[147]CHENG Y Z, YANG H L, CHENG Z Z, et al. Perfect metamaterial absorber based on a split-ring-cross resonator[J]. Applied Physics A, 2011, 102(1): 99-103.

[148]NADELL C C, HUANG B H, MALOF J M, et al. Deep learning for accelerated all-dielectric metasurface design[J]. Optics Express, 2019, 27(20): 27523-27535.

[149]ZHU B, FENG Y J, ZHAO J M, et al. Switchable metamaterial reflector/absorber for different polarized electromagnetic waves[J]. 2010, 97(5): 051906.

[150]SHREKENHAMER D, CHEN W C, PADILLA W J. Liquid crystal tunable metamaterial absorber[J]. Physical Review Letters, 2013, 110(17): 177403.

[151]ISI. G, VASI. B, ZOGRAFOPOULOS D C, et al. Electrically tunable critically coupled terahertz metamaterial absorber based on nematic liquid crystals[J]. Physical Review Applied, 2015, 3(6): 064007.

[152]YANG J, WANG P, SHI T, et al. Electrically tunable liquid crystal terahertz device

based on double-layer plasmonic metamaterial[J]. Optics Express, 2019, 27(19): 27039-27045. [PubMed]

[153] SHREKENHAMER D, MONTOYA J, KRISHNA S, et al. Four-color metamaterial absorber THz spatial light modulator[J]. Advanced Optical Materials, 2013, 1(12): 905-909.

[154] WATTS C M, SHREKENHAMER D, MONTOYA J, et al. Terahertz compressive imaging with metamaterial spatial light modulators[J]. Nature Photonics, 2014, 8(8): 605-609.

[155] NADELL C C, WATTS C M, MONTOYA J A, et al. Single pixel quadrature imaging with metamaterials[J]. Advanced Optical Materials, 2016, 4(1): 66-69.

[156] PARK J, KANG J H, KIM S J, et al. Dynamic reflection phase and polarization control in metasurfaces[J]. Nano Letters, 2017, 17(1): 407-413.

[157] YI F, SHIM E, ZHU A Y, et al. Voltage tuning of plasmonic absorbers by indium tin oxide[J]. 2013, 102(22): 221102.

[158] ANOPCHENKO A, TAO L, ARNDT C, et al. Field-effect tunable and broadband Epsilon-near-zero perfect absorbers with deep subwavelength thickness [J]. ACS Photonics, 2018, 5(7): 2631-2637.

[159] 李绍限. 基于石墨烯的可调控太赫兹超材料的研究[D]. 天津: 天津大学, 2020.

[160] 张璋. 基于石墨烯人工电磁编码超表面对 THz 波调控及超表面生物传感器的研究 [D]. 天津: 天津大学, 2020.

[161] 陆宇颖. 基于超材料的太赫兹偏振、吸收及传感器件的研究[D]. 天津: 天津大学, 2019.

[162] 叶龙芳. 基于光整流的太赫兹源与新型太赫兹导波结构研究[D]. 成都: 电子科技大学, 2013.

[163] JIANG Y N, ZHANG H D, WANG J, et al. Design and performance of a terahertz absorber based on patterned graphene[J]. Optics Letters, 2018, 43(17): 4296-4299.

[164] YE L F, ZENG F, ZHANG Y, et al. Composite graphene-metal microstructures for enhanced multiband absorption covering the entire terahertz range[J]. Carbon, 2019, 148: 317-325.

[165] LIU H, WANG Z H, LI L, et al. Vanadium dioxide-assisted broadband tunable terahertz metamaterial absorber[J]. Scientific Reports, 2019, 9(1): 5751.

[166] NAOREM R, DAYAL G, ANANTHA RAMAKRISHNA S, et al. Thermally switchable metamaterial absorber with a VO_2 ground plane[J]. Optics Communications, 2015, 346:

154-157.

[167] HUANG J, LI J N, YANG Y, et al. Broadband terahertz absorber with a flexible, reconfigurable performance based on hybrid-patterned vanadium dioxide metasurfaces[J]. Optics Express, 2020, 28(12): 17832-17840.

[168] Ding F, Zhong S, Bozhevolnyi S I, Vanadium Dioxide Integrated Metasurfaces with Switchable Functionalities at Terahertz Frequencies [J]. Adv. Opt. Mater. , 2018 (6): 1701204.

[169] LI W Y, CHENG Y Z. Dual-band tunable terahertz perfect metamaterial absorber based on strontium titanate (STO) resonator structure[J]. Optics Communications, 2020, 462: 125265.

[170] LUO H, CHENG Y Z. Thermally tunable terahertz metasurface absorber based on all dielectric indium antimonide resonator structure [J] . Optical Materials, 2020, 102: 109801.

[171] YUAN S, YANG R C, XU J P, et al. Photoexcited switchable single-/ dual-band terahertz metamaterial absorber[J]. Materials Research Express, 2019, 6(7): 075807.

[172] SEREN H R, KEISER G R, CAO L Y, et al. Optically modulated multiband terahertz perfect absorber[J]. Advanced Optical Materials, 2014, 2(12): 1221-1226.

[173] ZHAO X G, FAN K B, ZHANG J D, et al. Optically tunable metamaterial perfect absorber on highly flexible substrate[J]. Sensors and Actuators A: Physical, 2015, 231: 74-80.

[174] ZHAO X G, WANG Y, SCHALCH J, et al. Optically modulated ultra-broadband all-silicon metamaterial terahertz absorbers[J]. ACS Photonics, 2019, 6(4): 830-837.

[175] WANG J F, LANG T T, HONG Z, et al. Tunable terahertz metamaterial absorber based on electricity and light modulation modes [J] . Optical Materials Express, 2020, 10 (9): 2262.

[176] LI H, YU J. Active dual-tunable broadband absorber based on a hybrid graphene-vanadium dioxide metamaterial[J]. OSA Continuum, 2020, 3(8): 2143.

[177] WU T, WANG G, JIA Y, et al. Dynamic modulation of THz absorption frequency, bandwidth, and amplitude via strontium titanate and graphene[J]. Nanomaterials, 2022, 12(8): 1353.

[178] CHEN Y P, ZHANG Y, SUN Y, et al. Terahertz Flip-Assembled-cpw-Waveguide Transition Structure for InP dhbt mmic Package[C]//2018 International Conference on

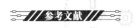

Microwave and Millimeter Wave Technology（ICMMT）. May 7-11，2018，Chengdu，China. IEEE，2018：1-3.

［179］HUANG P，LAI R，GRUNDBACHER R，et al. A 20-mW G-band monolithic driver amplifier using 0. 07-μm InP HEMT［C］//2006 IEEE MTT-S International Microwave Symposium Digest. June 11-16，2006，San Francisco，CA，USA. IEEE，2006：806-809.

［180］SONG H J，AJITO K，MURAMOTO Y，et al. Uni-travelling-carrier photodiode module generating 300 GHz power greater than 1 mW［J］. IEEE Microwave and Wireless Components Letters，2012，22（7）：363-365.

［181］SONG H J. Packages for terahertz electronics［J］. Proceedings of the IEEE，2017，105（6）：1121-1138.

［182］靳赛赛. 基于 InP 的 220GHz 固态放大电路关键技术研究［D］. 成都：电子科技大学，2019.

［183］屈坤. 220 GHz 固态放大技术研究［D］. 成都：电子科技大学，2020.

［184］黎雨坤. 太赫兹 InP DHBT 单片集成电路关键技术研究［D］. 成都：电子科技大学，2022.

［185］SAMOSKA L，DEAL W R，CHATTOPADHYAY G，et al. A submillimeter-wave HEMT amplifier module with integrated waveguide transitions operating above 300 GHz［J］. IEEE Transactions on Microwave Theory and Techniques，2008，56（6）：1380-1388.

［186］LEONG K M K H，DEAL W R，RADISIC V，et al. A 340 – 380 GHz integrated CB-CPW-to-waveguide transition for sub millimeter-wave MMIC packaging［J］. IEEE Microwave and Wireless Components Letters，2009，19（6）：413-415.

［187］RADISIC V，LEONG K M K H，SARKOZY S，et al. A 75 mW 210 GHz power amplifier module［C］//2011 IEEE Compound Semiconductor Integrated Circuit Symposium（CSICS）. October 16-19，2011，Waikoloa，HI，USA. IEEE，2011：1-4.

［188］XU L，YAO H F，DING P，et al. Compact，broadband waveguide-to-CPWG transition operating around 300 GHz［C］//2015 Asia-Pacific Microwave Conference（APMC）. December 6-9，2015，Nanjing，China. IEEE，2015：1-3.

［189］SONG H J，MATSUZAKI H，YAITA M. Sub-millimeter and terahertz-wave packaging for large chip-width MMICs［J］. IEEE Microwave and Wireless Components Letters，2016，26（6）：422-424.

［190］KIM J，CHOE W，JEONG J. Submillimeter-wave waveguide-to-microstrip transitions for wide circuits/wafers[J]. IEEE Transactions on Terahertz Science and Technology, 2017, 7(4): 440-445.

[191] URTEAGA M, SEO M, HACKER J, et al. InP HBT integrated circuit technology for terahertz frequencies [C]//2010 IEEE Compound Semiconductor Integrated Circuit Symposium (CSICS). October 3-6, 2010, Monterey, CA, USA. IEEE, 2010: 1-4.

[192] TESSMANN A, LEUTHER A, HURM V, et al. Metamorphic HEMT MMICs and modules operating between 300 and 500 GHz[J]. IEEE Journal of Solid-State Circuits, 2011, 46(10): 2193-2202.

[193] RADISIC V, LEONG K M K H, MEI X B, et al. Power amplification at 0.65 THz using InP HEMTs[J]. IEEE Transactions on Microwave Theory and Techniques, 2012, 60 (3): 724-729.

[194] LIU L L, LI Z, XU B Z, et al. High-efficiency transition between rectangular waveguide and domino plasmonic waveguide[J]. 2015, 5(2): 027105.

[195] LIU L L, LI Z, XU B Z, et al. Ultra-low-loss high-contrast gratings based spoof surface plasmonic waveguide [J]. IEEE Transactions on Microwave Theory and Techniques, 2017, 65(6): 2008-2018.

[196] XU K D, GUO Y J, YANG Q, et al. On-chip GaAs-based spoof surface plasmon polaritons at millimeter-wave regime[J]. IEEE Photonics Technology Letters, 2021, 33 (5): 255-258.

[197] ZHANG Y, YUE R F, WANG Y. Planar terahertz filter with narrow passband and low insertion loss[J]. Applied Optics, 2021, 60(6): 1515-1521.

[198] XU Q F, BI X J, WU G A. Ultra-compacted sub-terahertz bandpass filter in 0.13 μm SiGe[J]. Electronics Letters, 2012, 48(10): 570-571.

[199] LIU X Y, FENG Y J, ZHU B, et al. High-order modes of spoof surface plasmonic wave transmission on thin metal film structure [J]. Optics Express, 2013, 21 (25): 31155-31165.

[200] RADISIC V, LEONG K M K H, SARKOZY S, et al. 220-GHz solid-state power amplifier modules[J]. IEEE Journal of Solid-State Circuits, 2012, 47(10): 2291-2297.

[201] WANG T, NING Y M, ZHU W F. Design of an E-band power amplifier based on waveguide power-combining technique[C]//2018 International Conference on Microwave and Millimeter Wave Technology (ICMMT). May 7-11, 2018, Chengdu, China. IEEE, 2018: 1-3.

[202] DANG Z, ZHU H F, HUANG J, et al. A high-efficiency W-band power combiner based on the TM?? mode in a circular waveguide[J]. IEEE Transactions on Microwave Theory and Techniques, 2022, 70(4): 2077-2086.

[203] PENG S T, PU Y L, WU Z W, et al. High-isolation power divider based on ridge gap waveguide for broadband millimeter-wave applications [J]. IEEE Transactions on Microwave Theory and Techniques, 2022, 70(6): 3029-3039.

[204] DANG Z, ZHANG Y, HUANG J, et al. An isolated waveguide divider for W-band power combined amplifier[J]. IEEE Microwave and Wireless Technology Letters, 2023, 33 (5): 535-538.

[205] MOSCATO S, OLDONI M, CANNONE G, et al. 8-way paralleled power amplifier for mm-wave 5G backhauling networks[C]//2021 15th European Conference on Antennas and Propagation (EuCAP). March 22-26, 2021, Dusseldorf, Germany. IEEE, 2021: 1-5.

[206] GOUDA A, LóPEZ C D, DESMARIS V, et al. Millimeter-wave wideband waveguide power divider with improved isolation between output ports[J]. IEEE Transactions on Terahertz Science and Technology, 2021, 11(4): 408-416.

[207] XU Z B, XU J, CUI Y J, et al. A novel rectangular waveguide T-junction for power combining application[J]. IEEE Microwave and Wireless Components Letters, 2015, 25 (8): 529-531.

[208] 吴成凯. 平面肖特基二极管建模及太赫兹倍频技术研究[D]. 成都: 电子科技大学, 2022.

[209] 邢贝贝. 微波段宽带吸波器的设计研究[D]. 南京: 东南大学, 2021.

[210] 余定旺, 超材料周期结构的吸波应用研究[D]. 长沙: 国防科技大学, 2017.

[211] SMITH D R, SCHULTZ S, MARKO? P, et al. Determination of effective permittivity and permeability of metamaterials from reflection and transmission coefficients[J]. Physical Review B, 2002, 65(19): 195104.

[212] CHEN H T, ZHOU J F, O'HARA J F, et al. Antireflection coating using metamaterials and identification of its mechanism [J]. Physical Review Letters, 2010, 105 (7): 073901.

[213] COSTA F, GENOVESI S, MONORCHIO A, et al. A circuit-based model for the interpretation of perfect metamaterial absorbers[J]. IEEE Transactions on Antennas and Propagation, 2013, 61(3): 1201-1209.

［214］LIU T, CAO X Y, GAO J, et al. RCS reduction of waveguide slot antenna with metamaterial absorber［J］. IEEE Transactions on Antennas and Propagation, 2013, 61 (3): 1479-1484.

［215］ZHAI H Q, ZHAN C H, LI Z H, et al. A triple-band ultrathin metamaterial absorber with wide-angle and polarization stability［J］. IEEE Antennas and Wireless Propagation Letters, 2015, 14: 241-244.

［216］YOO M, KIM H K, LIM S. Angular- and polarization-insensitive metamaterial absorber using subwavelength unit cell in multilayer technology［J］. IEEE Antennas and Wireless Propagation Letters, 2016, 15: 414-417.

［217］WEI Y Q, DUAN J P, JING H H, et al. A multiband, polarization-controlled metasurface absorber for electromagnetic energy harvesting and wireless power transfer［J］. IEEE Transactions on Microwave Theory and Techniques, 2022, 70(5): 2861-2871.

［218］SINGH H, GUPTA A, KALER R S, et al. Designing and analysis of ultrathin metamaterial absorber for W band biomedical sensing application［J］. IEEE Sensors Journal, 2022, 22(11): 10524-10531.